JCA 研究ブックレット　No.35

新しい農村政策

その可能性と課題

小田切 徳美・筒井 一伸・山浦 陽一・小林 みずき◇著

I 「新しい農村政策」とは何か

小田切 徳美

農政における農村政策の位置づけは、古くて新しい論点です。本書の課題設定にかかわるため、少し歴史的経緯を振り返ってみたいと思います。

主要な政策文書の中で、「農村政策」がタイトルに付されたのは、1992年の「新しい食料・農業・農村政策の方向」(「新政策」と呼ばれる)が嚆矢でしょう。この文書については、後に農林水産省の政策立案担当が、「いわゆる『新政策』においては、『農村政策』というかたちで地域政策が農政の重要課題としてはじめて明言されたと言ってよいであろう」(農林水産省大臣官房企画室「地域政策の動向」『新農業経営ハンドブック』(全国農業経営改良普及協会、1998年))としています。

1 農政における農村政策

それまでは、地域空間としての「農村」は農林水産省(農林省)単独の担当ではなく、国土庁や建設省とともに共同して対応していたため(いわゆる「共管」)、これは大きな変化でした。それを、法律レベルで規定したのが、1999年に制定された食料・農業・農村基本法であり、同年の農林水産省設置法改正でした。農林水産省の「任務」(設置法第3条)に、新たに「農山漁村及び中山間地域等の振興」、「農業・農村の多面にわたる機能の発揮」が加わりました。さらに、中央省庁改革(2001年)を経て、農林水産省に歴史上はじめて「農村」という名称を含む部局が「農村振興局」として立ち上がりました。農政にとっては、それは「悲願」の達成であったとしても大げさではありません。

その後、2005年になると、「産業政策としての農業政策」と「地域政策としての農村政策」という区分が明確化され、両者の関係性の位置付けがなされました。同年の食料・農業・農村基本計画（食料・農業・農村基本法に定められ、概ね5年ごとに作られる農政の基本指針を示す計画）のなかで、「これまでの政策展開においては、農業を産業として振興する産業政策と農村地域を振興・保全する地域振興政策について、その関係が十分に整理されないまま実施されてきた面があり、両者の関係を整理した上で、効果的・効率的で国民に分かりやすい政策体系を構築していく」とされていました。そのため、同年の「経営所得安定対策大綱」では、大規模経営を対象とする「経営所得安定対策」に加えて、「農地・水・環境保全向上対策」（「農地・水」の部分は後に「多面的機能支払い」（後述）に再編）の導入が提起されました。それぞれが産業政策、地域政策を代表するものとされ、その関係を「車の両輪」と表現されています。これが、いまも続く農政の「車の両輪論」の淵源です。

2　農村政策の展開—その空洞化—

この農地・水・環境保全向上対策は、農業者や地域住民による農道・農業用水等の地域資源維持管理活動の継続と高度化を支援するものです。いうまでもなく、地域資源維持管理活動は集落機能のひとつであり、その点でこの政策は集落機能の脆弱化に対応する地域政策と言えます。しかし、農業に直接関わる農業内の地域政策であり、「狭義の農村政策」とするのが妥当でしょう。なぜならば、一般に農村の「地域政策」とは、食料・農業・農村基本法が示した、「国は、地域の農業の健全な発展を図るとともに、景観が優れ、豊かで住みよい農村とするため、地域の特性に応じた農業生産の基盤の整備と交通、情報通信、衛生、教育、文化等の生活環境の整備その他の福祉の向上とを総合的に推進するよう、必要な施策を講ずるものとする」（34条第2項）という総合政策のイメージが強いからです（同条のタイトルは「農村の総合的な振興」）。これは、先の「農業内の地域政策」とは異なり、農業内で完結しない地域政策であり、「広義の農村政策」

です。

少し複雑な話となっていますが、実はこの点こそ、いくつかの問題を生み出す原点となっています。その問題とは、第1に、農村政策の概念が「狭義」と「広義」に分裂し、農林水産省が「農村政策」という場合には、狭義・農村政策であることが多くなりました。同時に、新基本法に定められた総合的農村振興がなおざりにされる傾向がこのころから生まれています。つまり、「車の両輪」という概念が使われ始めた頃から、その片輪の地域政策を地域資源政策に限定するイメージが強くなったと言えます。

第2に、狭義・農村政策の性格も次第に変化していきます。２０１５年食料・農業・農村基本計画では、「農業の構造改革や新たな需要の取り込み等を通じて農業や食品産業の成長産業化を促進するための産業政策と、構造改革を後押ししつつ農業・農村の有する多面的機能の維持・発揮を促進するための地域政策を車の両輪として進めるとの観点」（傍点は筆者）という表現が見られます。この中にある「構造改革を後押ししつつ」という表現は、農村政策がいつのまにか産業政策を補完する位置づけに変わったと読めるような書きぶりです。

その具体的政策が、農地・水・環境保全向上対策が再編され、２０１４年度から始まった多面的機能支払いでした。そのパンフレットでは、一層明確に「担い手に集中する水路・農道等の管理を地域で支え、農地集積を後押し（する）」と表現されています。それは、もはや担い手向けの産業政策に従属する政策に他ならず、筆者はそれを「車の両輪」ではなく、「農村政策の産業政策の補助輪化」と表現しています。このプロセスを模式化したのが、**図Ⅰ－1**になります。今、述べた、農村政策の広義－狭義の分離、そして狭義の政策の変質を示して

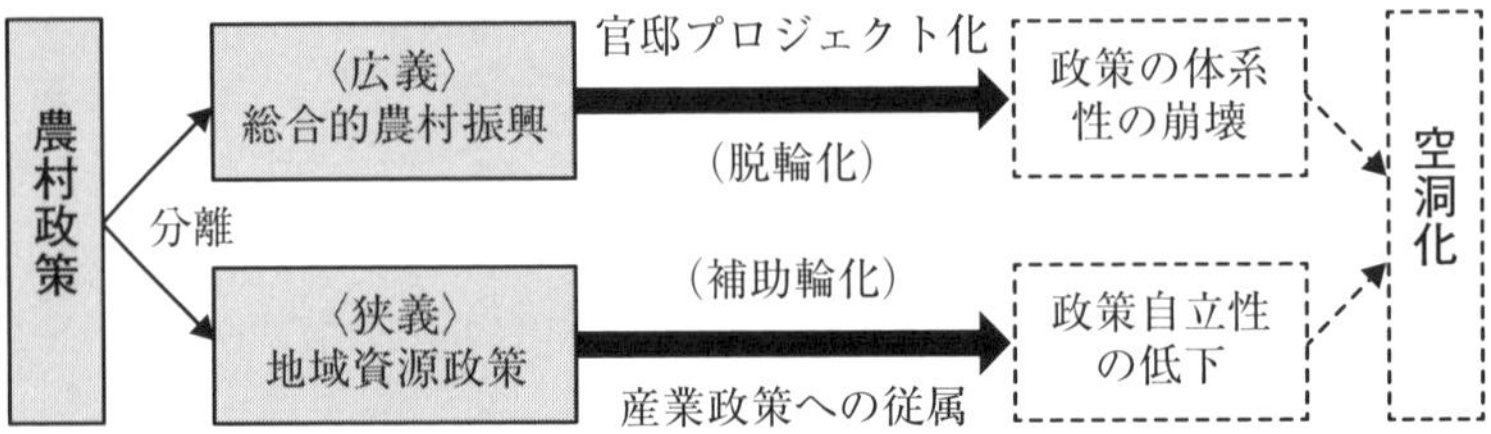

図Ⅰ-1　農村政策空洞化の構図

います（図の下段）。

それでは、広義・農村政策はどうなったでしょうか。むしろ、この間、必要性は高まっていました。筆者が、中山間地域（農山村）を対象に、かつて「人・土地・むらの3つの空洞化」（小田切徳美『農山村再生』岩波書店、２００９年）と表現した現実は、いまや日本列島のほぼ全体を覆っています。さらに、東日本大震災をはじめとする各種災害も、地域の総合的な力を脆弱化させています。他方で、逆にそれに抗するように顕在化した若者を中心とする田園回帰傾向や関係人口の形成の強まりも、総合的かつ体系的な農村政策の本格化を求めています。

しかしながら、農林水産省の２０２０年頃までの農村政策はそのようには動きませんでした。それは、「農林水産業・地域の活力創造プラン」で確認することができます。このプランは、第2次安倍政権がスタートしたときに設置された「農林水産業・地域の活力創造本部」により、毎年作成されたものであり、「今後の農政のグランドデザイン」（農林水産大臣談話、２０１３年12月10日）と位置づけられています。２０２０年の直前の改訂バージョン（２０１９年）における、農村政策の項を見ても、①日本型直接支払制度、②農泊、③ジビエ等が脈絡なく並び、農村政策としての体系化はほとんど意識されていません。

推察するに、この作成者は、体系性を追求するよりも、必要とされる個別プロジェクトをリストアップし、そこに力を注ごうとしているように思われます。「農村の総合振興」というよりも、「農村政策のプロジェクト化」であり、求められる農村政策の体系性はむしろ犠牲にされています。それは「補助輪化」どころか「脱輪化」とさえ言えるように思います。

このような文書を作成する「農林水産業・地域の活力創造本部」（現在は「食料安定供給・農林水産業基盤強化本部」に改組）は、本部長を内閣総理大臣、副本部長を内閣官房長官及び農林水産大臣が務める会議体であり、総理官邸で開催されています。経済財政諮問会議等の他の会議体を含めて、官邸主導で決まる農政はしばしば「官邸農政」とされていますが、農村政策にもそれが及んでいたのです。

この二つの動きの結果として、「農村政策の空洞化」が全体として進みました。先の図Ⅰ－1のように構図を描くことができます。そのため、2010年代後半には、農村政策の立て直しはだれの目から見ても当然のこととなったと言えます。

3　新しい農村政策─2020年基本計画の意味─

そうしたなかで、2019年9月には、食料・農業・農村審議会に食料・農業・農村基本計画の改定が諮問されました。その後の経緯は省略しますが、翌年の2020年3月に審議会から計画案が答申され、最終的に新しい基本計画が同時期に閣議決定しています。その中の農村政策のパートでは、各方面からの政策体系の立て直しの要望に対して、「農村を維持し、次の世代に継承していくために、所得と雇用機会の確保や、農村に住み続けるための条件整備、農村における新たな活力の創出といった視点から、幅広い関係者と連携した『地域政策の総合化』による施策を講じ（る）」と応じました。つまり、「農村政策の空洞化」に対して、「地域政策の総合化」を打ち出したのです。

そして、その柱を、先の引用文のように、①所得と雇用機会の確保（しごと）、②農村に住み続けるための条件整備（くらし）、③農村における新たな活力の創出（活力）として、この「3つの柱」の一体的展開を「総合化」としたのです。さらに、そうした政策を継続的に進めるために関係府省が連携する体制を構築するとして、それを「しくみ」としています。

表Ⅰ－1に、基本計画上の農村政策の項の目次を表示しています。その後、この基本計画は、農林水産省「新しい農村政策の在り方に関する検討会」等により具体化が検討され、2022年4月には『地方への人の流れを加速化させ持続的低密度社会を実現するための新しい農村政策の構築』と題した「とりまとめ」（以下、『新しい農村政策のとりまとめ』）を公表しています。それを含め、新しい農村政策の内容を紹介してみましょう。

第1の「しごとづくり」では、所得と雇用機会という経済的側面がまとめられています。そこでは、表にある①から④まで、農村資源を利用する「しごと」創造の方策とそれへの支援が多様に書き込まれました。この中で、特に②の「地域資源の発掘・磨き上げと他分野との組合せ等を通じた所得と雇用機会の確保については、これまでにない他分野と組み合わせる取り組みである「農（山漁）村発イノベーション」の推進が提起されています。より、具体的には、「……今後は、地域全体としての所得向上のため、従来の農業者が加工・販売などにも取り組む6次産業化の取り組みをこれまで以上に加速化するとともに、その考え方を拡張し、農村が有する地域資源を発掘し、その価値を磨き上げた上で、農業以外も含む他分野と「農村資源×○○」の様々な形で組み合わせることや、地域内外の幅広い関係者との新たな連携、関連産業の技術の活用等により、新たな事業・価値の創出や所得向上を図る取り組みである『農山漁村発イノベーション』を推進し、また、その支援の在り方を多面的に検討することが重要である」（前掲「とりまとめ」）としています。

表Ⅰ-1　2020年基本計画における農村政策の構成

（1）地域資源を活用した所得と雇用機会の確保（しごと）
① 中山間地域等の特性を活かした複合経営等の多様な農業経営の推進
② 地域資源の発掘・磨き上げと他分野との組合せ等を通じた所得と雇用機会の確保
③ 地域経済循環の拡大
④ 多様な機能を有する都市農業の推進
（2）中山間地域等をはじめとする農村に人が住み続けるための条件整備（くらし）
① 地域コミュニティ機能の維持や強化
② 多面的機能の発揮の促進
③ 生活インフラ等の確保
④鳥獣被害対策の推進
（3）農村を支える新たな動きや活力の創出（活力）
① 地域を支える体制及び人材づくり
② 農村の魅力の発信
③ 多面的機能に関する国民の理解の促進等
（4）「三つの柱」を継続的に進めるための関係府省で連携した仕組みづくり（しくみ）

また、第2の「くらしづくり」については、「人が住み続けられる条件」として、③の生活インフラの確保を含めて、幅広く述べられています。そのトップ項目に、①地域コミュニティ機能の維持や強化が位置づけられている点は注目すべきではないでしょうか。あらためて、農村における地域コミュニティの重要性がはっきりと打ち出されたと言えます。この点について『新しい農村政策のとりまとめ』は、「……構成員の高齢化により、これ以上の活動の活性化には限界がある集落も想定されることから、集落活動に加えて集落の機能を補完するため、地域の有志の協力の下、複数集落の範囲で地域資源の保全・活用や農業振興と併せて、買い物・子育て支援等、単独では採算性を有しない事業も含め、地域コミュニティの維持に資する取り組みを支援することの重要性が共有化された」として、こうした組織を農村型地域運営組織（農村ＲＭＯ）としています。

そして「活力づくり」では、多様な要素が括られていますが、その中心は、①の「地域を支える体制及び人材づくり」であり、地域づくり人材や関係人口が網羅されています。これらは、いずれも近年、農村で新たな動きが見られるものであり、むしろ農林水産省以外の他省庁（総務省、国土交通省、内閣府）で政策対応が進んだ分野でした。基本計画で、農政がそれを積極的に取り扱った意義は大きいと言えます。特に、関係人口については「農的関係人口」という概念を作り、「農的関係人口の創出・拡大に当たっては、農業の担い手となる意向を持つ人の着実な就農を後押しするという従来の考え方に加え、現時点では就農の意向までは持っていない人も含めて、農業や農村に関心を持つ人を幅広く対象として、農業・農村への関心の一層の喚起や継続的に農村に関わることができる機会の提供等により、将来的な農村への移住者や潜在的な農村の担い手を拡大していくという考え方を取り込むことが必要である」とし、新規農業参入のみでない、政策視点の拡張を示しており、注目されます。

4　新しい農村政策への視点——本書の課題

このようにして提案された「しごと」「くらし」「活力」の3本柱は、農村における地域づくりの実践に照らしても、納得できる内容と言えそうです。**図Ｉ－２**は、筆者が、以前より全国各地の取り組みを参考にして、「地域づくりのフレームワーク」としてまとめているものです。ここでは、第1に「暮らしのものさしづくり」として主に人材づくり、第2に、「暮らしのものざしづくり」としてコミュニティづくり、そして、第3に「カネとその循環づくり」としてしごとづくりを位置付けています。つまり、「人材」「コミュニティ」「しごと」の3要素の意識的な組み立てにより、地域の新しい仕組みが「つくられる」のであり、その目的が「新しい価値の上乗せ」です。それは貨幣的な価値に限定されるものではなく、環境、文化、あるいは「社会関係資本」（ソーシャル・キャピタル）なども、地域の重要な価値となっています。

必ずしも完全に一致するものでありませんが、新しい農村政策の3要素と並べれば、次のように重なります。

①「しごと」＝「カネとその循環づくり」（しごとづくり）
②「くらし」＝「くらしの仕組みづくり」（コミュニティづくり）
③「活力」＝「暮らしのものさしづくり」（人材づくり）

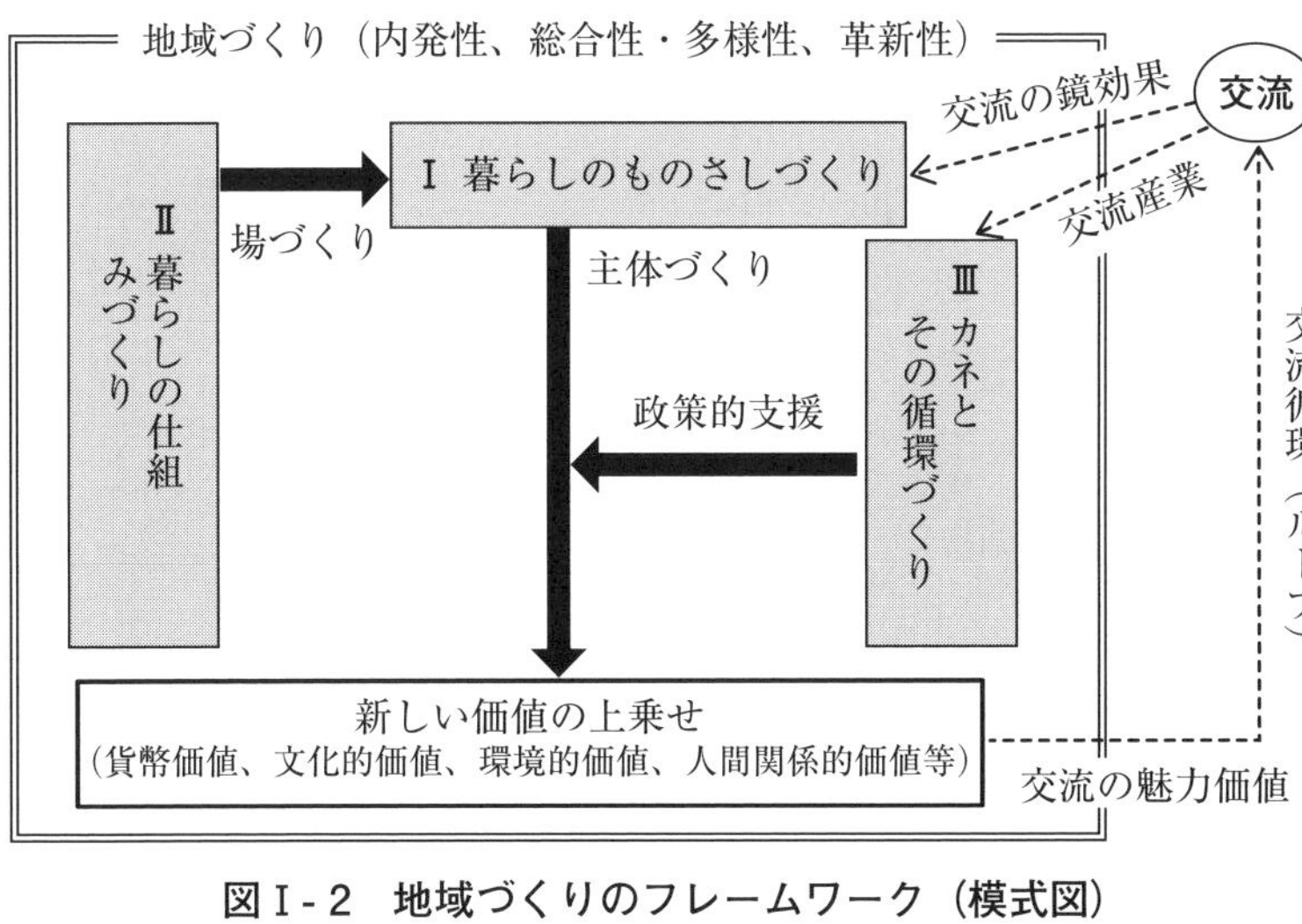

図Ｉ-２　地域づくりのフレームワーク（模式図）

つまり、3要素の一体化は現場実態に照応した農村政策の体系化と言えそうです。また、2020年の基本計画は、次のようにも書かれており、その点でも注目できます。「『地域政策の総合化』に当たっては、……（中略）『三つの柱』に沿って、効果的・効率的な国土利用の視点も踏まえて関係府省が連携した上で都道府県・市町村、事業者とも連携・協働し、農村を含めた地域の振興に関する施策を総動員して現場ニーズの把握や課題解決を地域に寄り添って進めていく必要がある」。

もちろん、基本計画にこのような文章を書き込むだけで、中央省庁の連携が進むものではありません。しかし、20年前の食料・農業・農村基本法で「総合的農村振興」を言いながらも、その調整役を果たせなかったことへの総括とそれへの再チェレンジ強い意欲があると理解したいと思います。

とはいうものの、この「地域政策の総合化」は現場レベルでこそ重要になります。本来は、地域レベルの諸課題を背景として地域レベルの創意工夫により取り組まれている「地域づくり」では、当然に総合化が行われていると考えられます。しかし、逆にそれが当たり前に行われているために、そもそも「しごと」「くらし」「活力」の3本柱が何を指しているのか、さらに「総合化」とはどのような取り組みなのかが見えづらくなっています。そこで、本書では、この3本柱に関わる取り組みをひとつずつ取り上げ、それぞれの独自の課題や、「総合化」に当たっての展望を明らかにすることを課題としたいと思います。つまり、「新しい農村政策」の現場からの検証が本書のテーマとなります。

Ⅱ　農山漁村発イノベーションのプロセス―『かわかみらいふ』にみるしごとづくり―

筒井一伸

1　人口減少社会としごと

「佐賀県人口80万人割れ　戦後初、少子化の影響鮮明　12月1日現在で79万９７５７人（佐賀新聞２０２２年12月29日付）」、「（和歌山）県人口　戦後初90万人割れ（読売新聞２０２３年3月17日付）」。地方で人口減少が進み、「戦後初××万人割れ」という言葉を目にするようになりました。マスコミでも取り上げられることが多いこの問題に街の声として「しごとがない、若い子はとめおこうと思ってもね、しごとがないから若い子がおってくれんのよ」、「収入していけるようなまともなしごとっていうのを、いかに生み出していけるか、自信持って子供を育てるっていうバックグラウンドをつくっていくことだと思いますね」といったものがあります(注1)。人口減少としごとの有無がセットとなるこの論調は、過疎問題が本格化した高度経済成長期から変わっていないといっていいでしょう。しかしどのようなしごとを「誰が」、「どのように」つくるのかという、主体のイメージについては変わりつつあります。

２０２０年「食料・農業・農村基本計画」を受けて公表された『新しい農村政策のとりまとめ』で言及された「しごとづくり」では「農山漁村発イノベーション」が提唱されました。そのポイントは、農村が有する地域資源を発掘してその価値を磨き上げた上で、その資源と地域内外の幅広い関係者との新たな連携や、関連する技術やスキルを様々な形で組み合わせることにより、所得と雇用機会を確保することとされます。図司はより踏み込んでその本質を、農村を生

（注1）いずれもNHK「ギュギュっと和歌山」２０２３年4月13日放送内のインタビューより。

産の場と生活の場が一体となった二次的自然の空間と捉えれば、その切り口は多面的であり、その価値を地域内外の主体が、世代が混ざり合って地域全体で継承し、積み重ねていくプロセスと指摘します（注2）。また２０２０年食料・農業・農村基本計画ではミクロスケールである個々の農家や地域住民を第一にしつつも、メゾスケールで活動をする主体として協同組合など組織への期待があり、地域での生活からしごとへの展開を受け止めるメゾスケールの主体づくりが大切であるとの指摘もあります（注3）。

しかしながら、これまでの議論における主体は一般的に個人ないしは少人数のグループなどが想定されてきました。例えば筆者は、小田切が提示した「なりわい」という概念を導入して、地域起業（注4）や継業（注5）という、地域の関係性の中で生まれる個人を主体としたしなりわいづくりの意義について検討を重ねてきましたが、組織を主体にした議論は必ずしも十分ではありませんでした。

このような課題認識のもと、本章では地域がつくった組織がどのように生活を支えるしごとづくりに取り組んできたのかを、奈良県吉《よし》野《の》郡《ぐん》川上村《かわかみむら》において立ち上がった一般社団法人「かわかみらいふ」が小さな変化を積み重ねてきた歩みから紐解きます。そして(A)どのような資源と主体がどのように新たに結びつき、(B)その結果としてどのような活動（事業）が生まれてきたのかを明らかにしていきます。またかわかみらいふという組織の立ち上げられ方を、事業化前史も含めて確認していきます。

2　かわかみらいふの事業が支える地域の生活

（1）川上村の概要

奈良県吉野郡川上村は奈良県の中東部に位置しており（図Ⅱ－1）、面積２６９・26㎢で、うち約95％が山林で吉野川の源流を有する村です。１９９６年８月１日に公表した「川上宣言」（注6）で「樹と水と人の共生」をテーマに掲げ、ダムと共存するとともに、林業の振興や水源地としての自然環境を守ることを使命とした村づくりに取り組んでいます。この宣言の背景には、村の中心部が水没し多くの住宅移転がなされるダム建設を受け入れた苦渋の選択がありました。川上村は吉野林業の中心地として、１９６５年の国勢調査では７１６５人を抱え、林業労働者も６２０人を数える林業の村でしたが、１９５９年の伊勢湾台風をきっかけに、川上村の中心部の谷あいを水没させることになる大滝ダムの建設が決定し、大迫ダムとあわせて、５００戸以上が水没することとなりました。その結果、水没地域の人たちは他地域へ移転し、その後、徐々に村の人口が減少して、２０２０年国勢調査では人口は１１５６人、世帯数６２５世帯、高齢化率約55・６%と、少子高齢化が非常に深刻な地域となっています。いわゆる増田レポートで消滅可能性自治体第２位にランクづけされてしまいました。

川上村は26の集落（注7）があり、また西部地区、中部地区、東部地区と地域を分けることが多くあります。その中で役場などが立地する中部地区、吉野町などに近く川下に位置している西部地区に比べて東部地区には人口20人を下回る集落が複数存在するなど、将来的にコミュニティ維持の困難が懸念されています（注8）。そのため、後述する通り、本章で

（注2）図司直也『「農村発イノベーション」を現場から読み解く』筑波書房、２０２３年。
（注3）筒井一伸「食料・農業・農村基本計画と農村地域政策——そのポイントと空間スケール」『協同組合研究誌にじ』第６７３号、２０２０年、14〜27頁。
（注4）筒井一伸・嵩和雄・佐久間康富、小田切徳美監修『移住者の地域起業による農山村再生』筑波書房、２０１４年。
（注5）筒井一伸・尾原浩子、図司直也監修『移住者による継業——農山村をつなぐバトンリレー』筑波書房、２０１８年。
（注6）川上宣言とは、「川上村に暮らす住民はもちろん、下流域の人々とも手を携えて、かけがえのない水と森を育てていきたい」という思いを込め、１９９６年に村是として宣言文を全国に発信したものである。
（注7）川上村では集落のこと「大字」と表記をして「だいじ」と呼称する。
（注8）『川上村東部暮らしの拠点周辺地区まちづくり基本構想〜暮らしつづける郷（まち）づくり〜報告書』（２０１８年10月18日発行）による。

紹介するかわかみらいふは東部地区から活動を開始しました。

（2）かわかみらいふの事業展開としごとづくり

２０１６年7月に設立されたかわかみらいふは、「小さな拠点」づくりの好事例として多くの報告がなされてきました(注9)。かわかみらいふの設立当初の主な事業は、買い物利便の向上を目的とする①移動スーパー事業と②コープ宅配事業（図Ⅱ－２）という、２つの営利事業でした。かわかみらいふの法人格は一般社団法人となっていますが、その設立検討の段階では買い物支援というボランタリーな事業を柱としつつも事業採算も重視するという観点から、株式会社での運営が議論されました。ただしかわかみらいふの運営は、後述する通り川上村役場（行政）が大きくかかわっており、利潤追求の色合いが濃い法人格である株式会社にした場合、住民の理解が得られるかといった懸念があったため、一般社団法人として発足しました。

そしてこの買い物利便性の向上支援は高齢化が進む東部地区15集落の実態として、村内にスーパーマーケットやコンビニエンスストアがないなどの背景がありました。加えて２０１３年に川上村役場が実施をした村内の事業者へのアンケートにおいて、自分の代で

図Ⅱ-１　川上村位置図

資料：筆者作成。

廃業予定が32事業者と46％を占めるなど、村内の事業者が急速にしぼんでいく可能性が把握されたこと、そしてその中に「小売業をさせていただいて居りますが、……1軒でも店をなくすと川上村の過疎に拍車化がかかると思い頑張っていますが、何時まで続くか……」（川上村提供資料より）という切実な意見もまた背景となっています。

構想段階から川上村内で移動スーパーを行っていた吉野ストア株式会社（注11）と、宅配事業を行っていた市民生活協同組合ならコープにも「東部地区暮らしがつづく集落づくり事業推進協議会」に参画をしてもらい事業化を進めていきました。①移動スーパー事業は吉野ストアから引き継ぎ、吉野ストアの委託販売として、②宅配事業はならコープの配達事業を受託することで展開を始めました。さらに北和田集落にある利用頻度が低かった公共施設「ふれあいセンター」を「小さな拠点」としてリニューアルしての③ふれあいカフェなどのコミュニティ形成事業や、川上村診療所と連携した「巡回診療」など④健康づくり事業が当初の活動でした。

図Ⅱ-2　ならコープ宅配事業

資料：注10より許可を得て転載（2020年11月17日撮影）

（注9）例えば次のような報告がある。目黒義和「「小さな拠点」にみる地域活性の可能性——奈良県川上村の挑戦」『Best value』第34号、２０１６年、６～９頁。霜田博史・水谷利亮「中山間地域における「小さな拠点」づくりと「住民自治ビジネス」に関する序論——奈良県川上村「かわかみらいふ」の事例分析をもとにして」『下関市立大学論集』第62巻第2号、２０１８年、25～35頁。渡部博文「奈良県川上村「かわかみらいふ」によるくらし続けることのできる地域づくり——ならコープと協働したソーシャルビジネス」『生活協同総合研究』第５３２号、２０２０年、72～80頁。

（注10）新濱拓実「山村における「自然の価値」とその特徴に関する研究——奈良県吉野郡川上村を事例に」２０２０年度鳥取大学地域学部地域創造コース卒業論文、２０２１年。

（注11）川上村に隣接する大淀町に本社をもち近隣に4店舗を構える地元スーパー。

その半年後、２０１７年度になるとさらに２つの事業がスタートをします。一つはコミュニティナースの導入です。コミュニティナースとは、地域活動により築いた人間関係や地域への理解のもと、地域の方々に寄り添い見守りながら健康づくりへの後押しする人材（注12）とされます。２０１７年４月より保健師が、２０１８年８月からは看護師がコミュニティナースとしてかわかみらいふに出向することになりました。それは診療所がない東部地区の健康づくり事業の充実であり、そして①の移動スーパーの車に同乗し、移動スーパーのドライバーとコミュニティナースが高齢者等への物販と見守りを同時に解決していくという①と④の新しい結びつきの結果です。さらに２０１９年度からは歯科衛生士も同行するなど食品の販売と健康においしく食べる〝健口〟づくりにも取り組んでいます（注13）。

そしてもうひとつは⑤ガソリンスタンド（サービスステーション、以下ＳＳ）事業です。村内唯一のＳＳは、経営者が高齢になっていたことに加え後継者が不在であったことから廃業も考えられていました。しかし川上村は集落が点在しており自動車が必需品であること、給湯器など夏場も灯油の使用量が多いことなどから、村としてＳＳ存続の方策を検討しました。その結果、元の経営者は村に施設を無償で譲渡し、かわかみらいふが２０１７年４月から公設民営で継業することになりました（図Ⅱ－３）。ＳＳが維持されただけではなく、石油連盟と連携してふれあいセンターでの灯油の販売も行っており（図Ⅱ－４）、カフェに来店した地域住民が灯油を買って帰るといった、③と⑤の新しい結びつきによる相乗効果を生んでいます（注14）。

図Ⅱ-３　継業したSS

（2017年４月３日、目黒義和氏撮影）

図Ⅱ-４　ふれあいセンターでの灯油の販売

（2022年３月29日、筆者撮影）

２０２２年度からは⑥ニコニコ号事業という新しい事業へのチャレンジも始まっています。ニコニコ号とは無料デマンドタクシーで、バス不通集落を対象に、自宅からバス停までを無料で送迎しています。そしてより興味深いのが、⑦やまいき市といちごの試験栽培という、農業を基軸にした事業へのチャレンジです。やまいき市とは、川上村の地域おこし協力隊が立ち上げた活動で、川上村産の野菜の販売と、紀の川流域の第一次産業活性化を目指した流域交流を行うために、２０１４年7月から週1回のマルシェの開催を行ってきました。しかし売り上げとしては年間２００万円程度ということもあり、地域おこし協力隊制度を使った運営は7年半で終了しましたが、やまいき市は高齢者に対して、野菜販売を通じた小さな所得の創出や農業（畑仕事）を通じて健康増進をもたらしてきた意義もあるため、かわかみらいふが継業することになり、元地域おこし協力隊員をスタッフとして迎い入れて事業再開をしました（図Ⅱ－５）。

さらに平地が少なく高齢者が多いという川上村の地域性を考慮した農業を展開するため、いちごの試験栽培もかわかみらいふとしてチャレンジしています（図Ⅱ－６）。その目的は、村外からの誘客です。村内向けに展開をする移動スー

図Ⅱ-５　再始動したやまいき市

資料：広報かわかみ2022年９月号より許可を得て転載。

（注12）奈良県ウェブサイト「奥大和地域において「コミュニティナース・プロジェクト」を始動します！」（https://www.pref.nara.jp/item/178073.htm、２０２３年4月19日閲覧）による。

（注13）前掲（注9）の渡部報告による。

（注14）経済産業省資源エネルギー庁資源・燃料部石油流通課（２０２２）『ＳＳ過疎地対策ハンドブック』https://www.enecho.meti.go.jp/category/resources_and_fuel/distribution/sskasochi/pdf/sskasochi_handbook_202206.pdf（２０２３年4月19日閲覧）による。

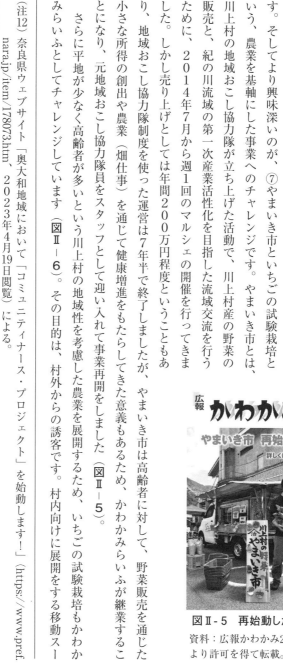

パー事業にしても宅配事業にしても、この間成長は続けてきたものの「頭打ち」という状況にあります。一方で、福祉事業を支えるためにも営利事業は欠かせないという認識から、村内だけではなく村外からも誘客できる仕掛けづくりの一つがこの農業でした。そして露地栽培ではなく高設栽培とするなど、高齢者でもできる農業を考えているのが特徴でもあります。

かわかみらいふがやまいき市事業を継業したのは、地域おこし協力隊という個人の能力に依存していた事業展開を、かわかみらいふが組織として受けることで安定化させることが目的です。しかも事業を単に引き継ぐだけではなく、元地域おこし協力隊員を受け入れたことで、かわかみらいふの中での議論が生まれ、その結果、高齢者でもできる農業をめざすという新しいチャレンジに展開しています。

図Ⅱ-6　いちごの試験栽培

（2023年１月23日、筆者撮影）

（3）かわかみらいふの経営と雇用

次にかわかみらいふの経営状況について具体的な数字を追って確認をしてみましょう。ＳＳ事業を除いて収入構造をみてみると、拠点となっている「ふれあいセンター」の運営管理委託料をはじめとする補助金・委託費が最も多く２０１９年度には79・4％でしたが、２０２１年度には64・6％まで減少してきています。

事業収入は、当初は移動スーパーによる手数料収入がコープ宅配手数料を上回っていたものの、２０１８年度以降はコープ宅配手数料が移動スーパー手数料を上回っています。実際の売り上げをみても移動スーパーが年間約３千万円から４千万円であるのに対して、コープ宅配は増加を続け２０１７年度の２千万円代から２０２０年度以降は６千万円代となっています（**図Ⅱ－７**）。移動スーパーについては一人あたりの購入額を上げる努力がなされた結果、２０１７年度の２２１６円から２０２１年度の２４９４円と増加しています。また宅配事業の世帯加入率は２０１６年度の43・７%から２０２２年度の70・３%に上昇しており、奈良県下でも有数の高い加入率を誇るまでに至っています。

しかしながら村民のお困り事を解決していくというかわかみらいふの理念もあり、村内での売り上げを増加させることだけが目的ではありません。そのため村外向けの新しい事業を考える中で、前述の農業をはじめとする新しい事業が始められているのです。

そしてこの間の大きな収入の柱は、継業をしたＳＳです。スタート当初は全収入の55・２%（２０１７年度）で、２０２１年度は64・６%にも達しています。このようにＳＳ事業が経営的には下支えしながら移動スーパーやコープ宅配などを展開しているのが実態です。そしてこのＳＳ事業の継業は、次節でお話しする村内での事業者の実態把握調査によって後継者が未定であるという課題が把握されていたことが遠因となっています。

次に雇用についてみてみましょう。かわかみらいふで働くスタッフは全て村民です。村民の手で川上村を支えていくという、かわかみらいふの理念を実現したもので、２０２２年11月22日現在の職員名簿をみてみると28名中、ならコープからの２名と看護師及び役場からの出向があり、それ以外の24名（常勤７名、パート17名）の雇用が生まれています。そのうちＩターンは９名、Ｕターンは３名など、かわかみらいふの職員は移住者が多く（注15）、移住政策と一体的な形で担い手確保を行っていることがわかります。

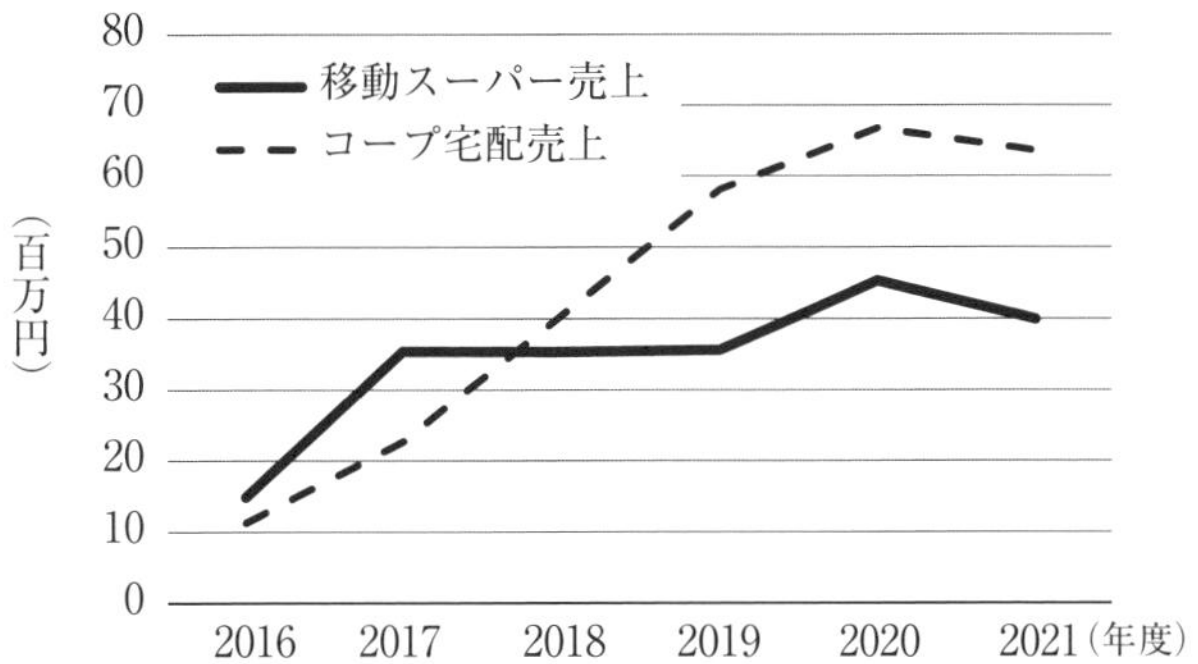

図Ⅱ-７　移動スーパーとコープ宅配の売り上げの変化

資料：かわかみらいふ提供資料より筆者作成。

（注15）ここでは、かわかみらいふに勤務する３年前から直前までにＩターンないしはＵターンした移住者をカウントした。

さらに従前から村内に住んでいたスタッフも13名おり、内8名が65歳以上です。村内の高齢者でも働き続けたいという需要が一定数あるため、その高齢者の活躍の場にもなっています。また、出向という仕組みを用いたならコープ、役場、看護師との協働に加えて、元地域おこし協力隊やSSの元経営者を迎えいれながら、地域における継業をスムーズに進めるための並走期間を上手に位置付けていることも特徴的です。そして雇用が何人うまれたという数字のみでわかる結果だけではなく、移住者など外部人材が地域になじむ仕掛けとしても機能しています。例えば、移住に際して村役場からかわかみらいふを紹介してもらって移動スーパーに関わった方は「村民さんにも良くしていただきましたし、そこでしごとを通じて村の人たちの接点が深まり、自分が住んでいくにしてもやっぱりこのしごとで良かった」と話されています。さらにSS事業とやまいき市の継業も、雇用を超えた人材の活用と移住者の定着の一助につながっているといえます。

3　かわかみらいふのつくられ方

（1）プロセスⓐ視野を広げる――住環境整備から川上ｉｎｇ作戦へ――

ここまで紹介した通り、かわかみらいふは小さな拠点、移動スーパーなど買い物支援対策、そしてSS過疎地対策における継業の好事例として紹介されてきました。それらの紹介では結果としての事業展開が強調される一方で、そのつくられ方のプロセスへの言及はあまりみられません。そこでここではこのかわかみらいふがどのようにつくられていったのか、振り返ってみたいと思います。

２０１３年、若手役場職員による川上村で暮らしていくことを検討する集まりが立ち上げられました。当初は住環境整備による移住者増加を目指して住宅関係の補助金を奈良県庁に相談に行きましたが、住宅だけでは移住者は増えないのではないかとの指摘を受けました。そのことで視野が広がり、20歳代を中心としたメンバー10名に加えて奈良県職員や住宅関係のコンサルティング会社社員も入って、統計分析やワークショップを行いました。その結果みえてきたことは、人口流出は若者よりもむしろ高齢者の方で進んでいるという現実でした。

　また、かつて集落に1店舗ぐらいあった小売店が消失してきていることや、村外での買い物が主流になってきたこと、そして移動手段を持たない高齢者は村外の子供のところに転出していっているという現実を認識するに至りました。さらに若者が村外から移住をしてくるとなった場合、住宅としごとの両方が必要であるとも認識されました。そこで、しごとの分野と住まいの分野の２つのグループに分かれて議論が続けられました。

(2) プロセスⓑ地域を客観的に把握する—しごとについての事業者調査—

　この議論を通じてみえてきたこととして、川上村にはしごとがないと思われがちでしたが、実際には求人をしたい事業者が多く存在するという現実でした。２０１３年度に商工会とともに会員事業者を対象としたアンケート調査も実施し（１５９事業所に送付し、70事業所から回収、回答率44・０％）、①高齢者の経営者で個人経営が多い（「個人経営」が51／70（72・９％）、「経営者の年齢60歳代以上」が45／70（64・３％））である、②後継者が決まってる事業者は少なく（10／70（14・３％））、「未定」が20／70（28・６％）、「自分の代で廃業」が32／70（45・７％）ある、③「後継者に関わる行政施策の受入を希望する（内容によって判断するとの回答も含む）」と回答する事業者が、「未定」においては13／16（81・３％）、「自分の代で廃業予定」でも10／27（37・０％）存在することが判明しました。

　このことから、これらの事業者と移住者とをマッチングして継業できるのではないかという議論がなされてきました。このなかに、かわかみらいふの収入の柱となるＳＳが入っていました。つまりＳＳ事業の継業は役場若手職員の問題意識と、それを裏付ける丁寧で客観的な地域の現状把握（適切な調査）が背景にあるのです。

　また、もう一つの継業も生まれています。廃業予定であった吉野杉を使った割箸製造業も移住者により継業されています。求人をしている事業者を訪問して、あわせて住宅を紹介するという川上・ｉｎｇツアーを２０１４年2月に企画し、その参加者に対して、機械譲渡、技術提供、取引先譲渡を行い、継業がなされました。この移住者は２０１５年8月に川上村に移住し、現在はかわかみらいふのパートと小規模な割箸製造業のマルチワークを行うなど、川上村らしい働き方を行っています。

（３）プロセスⓒ事業化をすすめる―川上・ｉｎｇ作戦からかわかみらいふへ―

２０１４年度は実際に予算化するために施策立案を進めていきました。２０１３年度からの活動を「川上・ｉｎｇ作戦」と称することも多いですが、正式には２０１４年度からの、移住・定住支援の取り組みを指します。そこでは「仕事と住まいのワンセット支援プロジェクト」（「移住」促進を目的として、全課から集まった若手職員で「仕事チーム」と「いえチーム」を編成）と、「住まいるライフプロジェクト」（「定住」促進を目的として新たに立ち上げられ、「子育てチーム」と「福祉チーム」を編成）が位置付けられました。関わる職員も10名から19名に増員されています。

ところが川上・ｉｎｇ作戦が、ダイレクトに、かわかみらいふの設立に結びついたわけではありません。事業化としては、東部地区の暮らしをどう維持していくかということをテーマにした「東部暮らしの拠点周辺地区まちづくり基本構想」のプロジェクトがかわかみらいふの設立につながっていきます。

さらにこれが本格化するのが２０１５年度です。「川上村まち・ひと・しごと総合戦略」の策定の中で「小さな拠点づくり」の検討が始まり、２０１６年度の内閣府の地方創生加速化交付金対象事業として「東部地区暮らしがつづく集落づくり事業（交付予定額３８２９５千円）」が決定したこともあり、検討が加速することになりました。この事業は「消滅可能性自治体で全国ワースト2位の川上村において、住民主体の「ＴＯＢＵ株式会社（仮称）」を設立し、利用されていない公共施設を活用した小さな拠点を形成し、交流の場としてのコミュニティカフェの運営、行政サービスの受託、出張診療や健康管理を行う福祉・医療のサブ拠点の開設とともに、移動スーパーや個配事業により買い物弱者への支援を行うことで、持続可能なまちづくりを進める」ことを目的としたものです（注16）。そのために「東部地区暮らしがつづく集落づくり事業協議会」が立ち上げられ、川上村役場、川上村商工会、川上村区長会、川上村社会福祉協議会に加えて、のちのかわかみらいふの事業に大きくかかわる市民生活協同組合ならコープ、吉野ストア株式会社の〝長〟が名を連ねました（加えてオブザーバーとして奈良県地域振興部南部東部振興監、南都銀行川上支店長）。しかし協議会だけではかわかみらいふは立ち上がりません。そこに多様な主体が関わる形で事業化をしていきます。

（4）プロセスⓓ活動と主体の広がり―外部人材とスタッフの役割―

かわかみらいふの設立にあたっては協議会が大きな方針を決める一方で、実働は役場職員を中心に進められました。その際にかかわるのが、東京コンサルティング会社勤務の外部人材です。2000年からの旧国土庁の若者の地方体験交流支援事業（地域づくりインターン事業）や2014年度の総務省起業者定住モデル事業などで、川上村とご縁があった方で、2015年度には「川上村まち・ひと・しごと総合戦略」に関わることになりました。当初は一般的なコンサルティング業務でしたが、総務省地域おこし企業人事業を活用して2016年度から週のおおよそ半分の時間を川上村の「小さな拠点づくり推進室」に滞在して、かわかみらいふの立ち上げにかかわっていくことになります。

具体的には、法人設立のための手続きといった制度的なアドバイスを中心に業務を行っていきました。また「今週は、採用内定者さんとの打ち合わせです。新しい仲間は7人。年齢も職歴もさまざまですが、みんな村人。これから力を合わせて事業準備を進めます。（2016年7月29日のフェイスブックへの投稿）」といったように職員研修などにもかか

（注16）内閣府地方創生推進室「地方創生加速化交付金の交付対象事業における特徴的な取組事例」（2016年3月18日）による。

わり、特にかわかみらいふの理念についてレクチャーを繰り返し行っていきました。さらに「（東京のコンサルティング会社の）同僚や部下から〝どっちの社員かわからない〟といわれる今日この頃（２０１６年８月６日のフェイスブックへの投稿）」など現場での動きも活発化させます。営業活動も、例えば区長会に、お祭りの食材をかわかみらいふで仕入れてもらうように声を掛けたり、社会福祉協議会などに積極的な移動スーパーの利用を促す活動をスタッフとともに進めていきました。かわかみらいふは売り上げがすべてではないという理念はあるものの、売り上げを伸ばす努力は大切であるという立ち位置がありました。また、かわかみらいふとしての新しい収入源について議論も行います。スタッフからかわかみらいふの新しいビジネスついてアイデアを出してもらう際にはファシリテーターの役割も担いました。そのアイデアから生まれた事業の一つが、アイスクリームや冷凍食品などを売るかわかみらいふコンビニです（図Ⅱ－８）。市街地のスーパーやコンビニから遠隔にある山間集落の住民は冷凍食品が溶けてしまうため買って帰るというのが難しいという、村の生活者でもあるかわかみらいふのスタッフならではの経験に基づくアイデアが事業化された結果です。コミュニティカフェの事業とも親和性が高く、小さな拠点であるふれあいセンターへ住民に足を運んでもらうための仕掛けにもなっています。

図Ⅱ-８　ふれあいセンターでの冷凍食品の販売（かわかみらいふコンビニ）

（2023年１月23日、筆者撮影）

４　資源と主体の結びつきからうまれる活動を読み解く

本章では、アントレプレナー要素など個人に大きく依存するなりわいづくりの起業ではなく、地域側の要素が大きくかかわる就業（雇用）を意識したしごとづくりについて、かわかみらいふを参考に考えてきました。

農林業と多様な副業との組み合わせがなし得るかつての地域経済をヒントに、

コミュニティからの新しい「多業型経済」の創り直しが求められていますが（注17）、その際に有用なキーワードとしてコミュニティビジネスがあります。本章でみてきたかわかみらいふは、地域の需要に対して、地域資源や相互扶助的な関係の重視など地域とのかかわりを活かして応えることで地域持続性を高めており、その意味でコミュニティビジネスと共通性を持ちます。また、その経営基盤も特徴的です。かわかみらいふでは、継業したＳＳ事業の売り上げには地域における買い支えが寄与しています。また売り上げが伸びているコープ宅配事業において、世帯加入率が右肩上がりなのも、当然のことながら地域のつながりから加入に至るなどがその基盤にあります。

つまり**図Ⅱ－９**に示した通り、経営基盤の確保と地域のかかわりが、常に一体の「コミュニティベースの経営基盤」が存在することがわかります。そのことは雇用（就業）の受け皿となる地域主導のコミュニティビジネスの組織（主体）づくりにおいて**【くらしとしごとは不可分である】**という大切な示唆にほかなりません。

改めて個人単位の地域起業や継業といったなりわいづくりと、地域の組織によるなりわいづくりを比較すると、前者はそのコツが暗黙知として隠れてしまいがちであり、農山漁村発イノベーションの結果はみえるもののそのプロセスを目にすることは容易ではありません。それに対して後者（就業）のかわかみらいふのような地域におけるしごとづくりの組織だと地域に開き、共有をしていくことが大前提になりますので、プロセスの見える化がしやすい

（注17）小田切徳美「新しい仕事づくり——農山村再生と「しごと」」小田切徳美・尾原浩子『農山村からの地方創生』筑波書房、２０１８年、59～89頁。

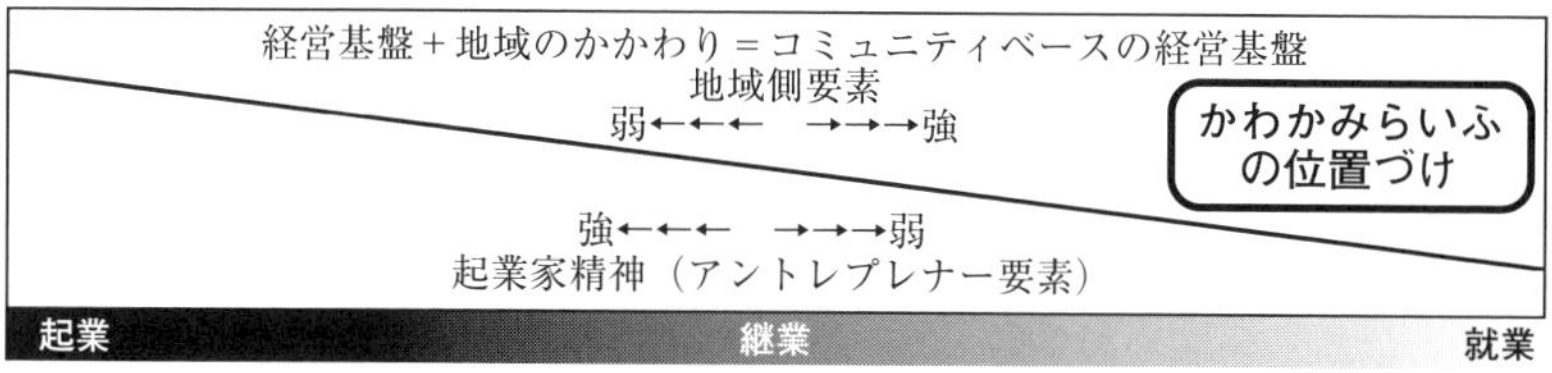

図Ⅱ-９　なりわいづくりのタイプとかわかみらいふの位置づけ

資料：前掲（注５）44頁の図に加筆して作成。

ようです。

そしてそのプロセスからは、【地域資源の価値を磨き上げ】その【資源と地域内外の幅広い主体が組み合わさる】ことで新たな活動が生まれ、あわせて雇用機会が生まれていることがわかります。地域資源の価値の磨き上げについては、例えば村内産農産物という資源とやまいき市という場の設定や、農業そのものへのチャレンジ（農地などの再利用）といった地域資源の再価値化だけではありません。かわかみらいふの拠点は新設されたものではなく、利用頻度が低い状況にあったコミュニティ施設「ふれあいセンター」であり(注18)、この公共施設も地域資源と捉えるとその再価値化も行っています。拠点づくり（ハードとしての場づくり）によって、活動の源泉となるヒト、モノ、カネなどが相互作用を起こし、人々の関係性や活動を変革していくという議論もありますが(注19)、かわかみらいふも、この施設の再価値化によって結節点となり、そして地域内外の幅広い主体が結び付いて、活動（事業）が組み立てられていっています。

図Ⅱ－10にはかわかみらいふの前史からはじまり、事業化した後も広がる活動（事業）を生み出した資源に、地域内外の主体が結び付いていく様子をあらわしました。ふれあいセンターが小さな拠点として活用され再価値化されることで連携が進んだ吉野ストアやならコープ、村内唯一のSSの継業から連携が生まれた丸井商會・伊藤忠エネクスといった営利事業に関わる村外の組織が結びついていきましたし、そのなかで事業に関して深い知識を持つ出向社員や元経営者が結びつくことでノウハウがかわかみらいふ内部に蓄積されていきました。また、移住者が農産物や農業のための資源を再活性する動きも見逃せません。２０２２年から新規に始まった農業基軸の活動であるやまいき市は元地域おこし

（注18）前掲（注9）の目黒報告による。なおふれあいセンターは１９９６年に社会教育施設として設置されて生涯学習活動などに利用されてきたが、２００２年に川上総合センターやまぶきホールが完成して生涯学習活動等が移管されていったため、施設の利用頻度が徐々に下がっていった。

（注19）中塚雅也『拠点づくりからの農山村再生』筑波書房、２０１９年。

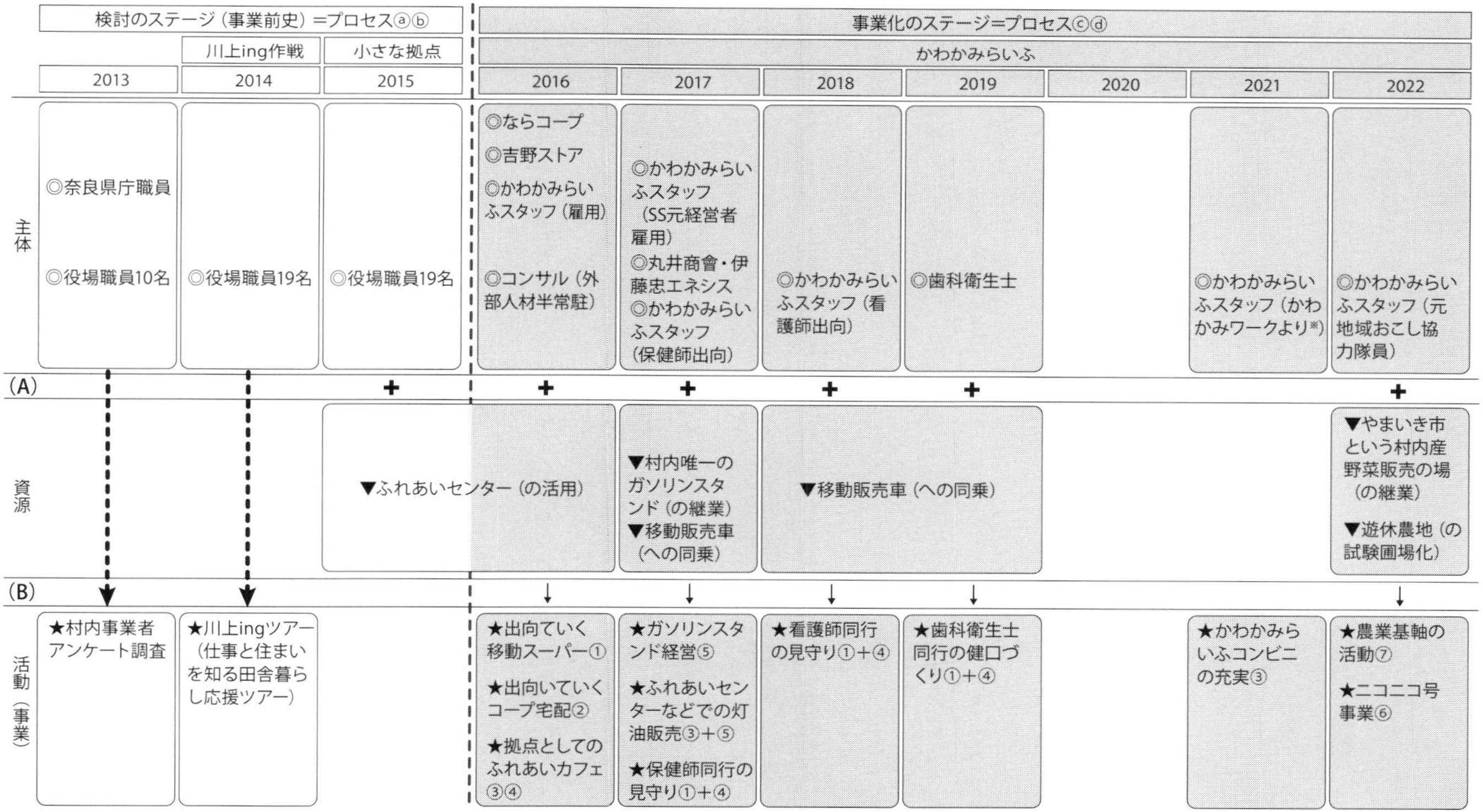

図Ⅱ-10　かわかみらいふにおける資源と主体との結びつき

資料：筆者作成。
注：・※かわかみワークは2021年2月に設立された地域づくり事業協同組合。
・図中（A）（B）は本文12頁、プロセスⓐ～ⓓは本文20−24頁、活動①～⑦は本文14−18頁の記号と同一である。

協力隊員が関わったことがきっかけですし、いちごの試験栽培を主導しているのもIターンのスタッフです。これ以外にも初期の段階で視野を広げるきっかけをつくった奈良県の職員や、実際の立ち上げに村に半常駐しながら制度的手続きのサポートをし、さらにかわかみらいふのスタッフミーティングで新しい視野を発言し続けたコンサルティング会社の社員などの外部人材の存在があります。

筆者はコミュニティビジネスの拡張可能性について論じていますが(注20)、その際に重要なのは主体のありようです。地域がつくるコミュニティビジネスの組織では、地域内外の幅広い主体を受け入れて地域資源を磨き上げ、そしてそれが更なる地域内外の主体を受け入れるという循環をいかにつくり上げていくのかが大切です。それはこの数年、動きが活発化している地域づくり事業協同組合や労働者協同組合を展開する際にも参考になるものです。

（付記）

本章の執筆にあたっては、かわかみらいふ事務局長の三宅正記氏をはじめスタッフの皆さん、川上村役場の皆さん、および日黒義和氏（元価値総合研究所主席研究員）に大変世話になりました。記して謝意を表します。

（注20）筒井一伸「新しい「しごと」をつくる」小田切徳美編『新しい地域をつくる――持続的農村発展論』岩波書店、2022年、43～60頁および筒井一伸「継業がつくる農山村の未来」『都市問題』第113号、2022年、15～20頁。

Ⅲ　農村ＲＭＯ形成の課題―くらしの基盤づくり―

山浦　陽一

１　農村ＲＭＯへの期待と課題

筆者に与えられたもともとの課題は、新しい農村政策の中でくらしの基盤づくりを担う「農村ＲＭＯ（地域運営組織、Region Management Organization）」について考える事でした。あとで詳しく述べるように、農村ＲＭＯにはいくつかの形成パターンが想定されていますが、最も現実的なのは既存のＲＭＯの「農村化」です。そのＲＭＯの農村化について調べていくうちに、ＲＭＯの農村化というよりも、ＲＭＯそのものが持つ課題の解決がより重要であり、それなくしてＲＭＯの農村化やその持続は期待できない、と考えるようになりました。そこで本章では、事例としては農村化したＲＭＯを取り上げ、その課題についても考えますが、その分析を通して見えてくるＲＭＯそのものが抱える課題の検討に重きを置こうと思います。

具体的には、大分県由布市の大津留《おおつる》まちづくり協議会（以下では大津留まち協、もしくはまち協）を取り上げます。大津留まち協は、２０２２年度から多面的機能支払交付金制度（以下では多面的支払）の事務作業を担うことになるのですが、その事情と、背景としての行政の支援の課題について見ていきます。大津留まち協は、ＲＭＯの農村化を先取りする事例ですが、農村化の動機は複雑です。その経緯を整理することで、ＲＭＯが抱える課題と、ＲＭＯに対して必要な支援のあり方が見えてきます。

結論を先取りすれば、行政は農業をはじめとした特定分野からだけではなく、地域再生のプラットフォームであるＲＭＯの役割を理解し、各分野の活動のベースとなる組織運営をしっかりサポートすべき、もう少し言うと、これまでＲ

ＭＯの課題はモノ・カネよりもヒト・組織とされてきましたが、ヒト・組織の課題の中でも、事務局の人件費や施設の維持管理費などモノ・カネで緩和できるものがあり、まずそこに行政からの支援を期待したい、というのが本章の主張です。

2 農村ＲＭＯの形成パターンの本命

農村では、これまでくらしを支えてきた家族、集落、行政、農協、学校、公民館など、様々な仕組みがどれも機能を低下させています。その機能低下を補うため、農林水産省は新しい農村政策の中で、農村ＲＭＯの設立を推進しています。農村ＲＭＯの定義については、「……複数の集落の機能を補完して、農用地保全活動や農業を核とした経済活動と併せて、生活支援等地域コミュニティの維持に資する取組を行う組織」とされています。もともとＲＭＯは総合的に地域課題の解決を目指す組織、仕組みです。このブックレットのシリーズでも、ＲＭＯによる子どもや高齢者の地域福祉の取り組みが紹介されてきました（注１）。そして農村ＲＭＯは特に「農用地保全活動や農業を核とした経済活動」も行うＲＭＯとして期待されています。

これまで筆者が関わった各地のＲＭＯの住民アンケートでも、農業や資源管理は地域課題の上位に挙げられています。例えば大分県内のある地区がＲＭＯ設立に向けて行った住民アンケートでは、「日々の暮らしの中で、あなたが困っていること」で、「商店が近くにない」「移動手段がない」などを抑えて「野生鳥獣被害」が1位となっています。「居住地域で不十分だと思うこと」では、「河川や道路の整備」が「大雨や地震への備え」と並んで1位、「地域に住み続けたい理由」では、「守る財産（家、土地、田畑、山林、墓地等）があるから」が1位、地域づくり分野でＲＭＯに「実施してほしいと思う活動」4位に「休耕地の利用対策」が入っています。また本ブックレットで取り上げられている「しごと」づくりや「農的関係人口」の増大にも貢献が期待されます。

このように農業、農村分野の課題解決を期待されている農村ＲＭＯですが、農林水産省では大まかに3つの形成パターンを想定しています。まずは、①集落営農や中山間地域等直接支払制度（以下では中山間支払）の集落協定が広域化し、ＲＭＯを含む地域内の他分野の組織と連携し農村ＲＭＯを形成するパターン、②集落営農や集落協定が広域化し、活動を発展させて農村ＲＭＯへ進化するパターン、③最後は既存のＲＭＯが人材、機能を確保して農村ＲＭＯを形成するパターンです。言い換えると、①（ＲＭＯと農業関係組織の）連携型、②（農業関係組織の）ＲＭＯ化型、③（ＲＭＯの）農村化型と表現できるかもしれません。

この3つの中では、①連携型と③農村化型、特に③の農村化型が本命だと考えられます。②のＲＭＯ化型については、そもそも推進する農政の担当部署が、政府の示した方針や事業に十分関心を持っていないことがありますが、それ以外にも懸念点があります。例えば近年集落営農は徐々に数を減らしています。農林水産省の調査では、２０２１年に新たに設立された集落営農は２２２あるのに対し、解散・廃止となった集落営農は３４９です。解散・廃止も組織の統合によるものであれば良いのですが、データによると統合は38組織にとどまります。残りの３１１組織は後継者不足や経営難による解散だと考えられます。また集落営農の強みは集落との一体性であり、生活支援やインフラ管理など農業以外の事業に取り組む条件、環境はあるはずです。島根県の地域貢献型集落営農など、実際に取り組む事例もありますが、十分広がっているとは言えません。

中山間支払の集落協定も、協定数や協定参加者数は減少し、最も大事な数値である協定面積も、各種の要件緩和にも関わらず頭打ちです。活動の原資となる交付金も個人配分が増え、地域が共同で使う割合は減っています。２０２０年

（注1）高齢者福祉については山浦陽一『地域福祉における地域運営組織との連携（ＪＣＡ研究ブックレット29）』筑波書房、２０２２年を、子ども福祉については東根ちよ・筒井一伸『地域運営組織による子どもの地域福祉（ＪＣＡ研究ブックレット33）』筑波書房、２０２３年を参照。

度からの第5期対策では、農村ＲＭＯを先取りする形で、高齢者福祉など農業以外の集落活動も実施できる「集落機能強化加算」が追加されましたが、２０２１年度の利用は４５６協定、２％弱で、今のところ利用は低調のようです。

また総務省の調査の結果では、ＲＭＯの母体となっている組織について「自治会・町内会」が47・３％（２０２２年度調査、複数回答、以下同様）、「公民館活動」20・１％に対して、「農林地保全組織等」は僅か１・９％にすぎません。さらに農林水産省の農村ＲＭＯの事例集に掲載されている21事例中、「農林漁業起点型」も３事例だけです。②のＲＭＯ化型を否定するわけではありませんが、集落営農や集落協定が、農業以外の課題にも取り組み、総合的なＲＭＯに発展するケースは、あまり出てこないのではないかと考えられます。

他方の①や③のようにＲＭＯの存在を前提としたパターンについても考えてみましょう。総務省の調査によると、２０２２年度ＲＭＯは既に全国８５３市区町村、７２０７組織あるとされています。ＲＭＯは小学校区で形成されるケースが多いのですが、現在小学校は全国で２万弱ですので、単純に計算すると小学校区の１／３強でＲＭＯが形成されています。また小学校区には平均して10～20の集落が含まれますので、集落ベースのカバー率も１・４万の集落営農や２・４万の集落協定よりも高いと考えられます。さらに既に全域でＲＭＯが形成されている市町村も、ＲＭＯのある８５３市区町村中２９７市区町村、34・８％を占めています。

活動面でも、既存のＲＭＯによる農業関連分野の取り組みが広がりつつあります。２０２２年度の総務省の調査では、水路農道管理に取り組むＲＭＯは11・７％、農村景観保全・緩衝帯設置６・９％、農業６・０％、農地の一元管理２・１％、農福連携１・６％などとなっています。この数値をどう考えるかですが、ＲＭＯは農村だけでなく市街地、都市部にもあり、上記の数値はそれらの非農村部を含んだものです。農村だけのデータを取り出すことはできませんが、もし農村部に限れば上記の数字の２～３倍ぐらいの割合になるのではないかと思います。また農業分野に限りませんが、地域内の各種組織、活動の事務作業受託をしているＲＭＯは30・７％にも上ります。

以上のように、ＲＭＯの存在はかなり一般化しつつあり、また活動面でも一定程度農村化が進んでいます。農村ＲＭＯの形成のパターンとして、①連携型や③農村化型がより期待できると言えます。

３　ＲＭＯの農村化の課題

他方で、ＲＭＯの農村化には懸念点もいくつかあります。まず特に水田農業は集落を基本的な単位として営まれてきました。水路やため池、農道の維持管理、生産調整や集落営農の運営、多面的支払や中山間支払への対応、農協の総代や土地改良区の役員、農業委員の選出などが挙げられます。それに対し、ＲＭＯのある小学校区単位での農業面でのまとまりはあまり強くありません。もともとはその単位に農協がありましたが、合併や拠点の統廃合により関係は薄くなり、一部地区が水利組合や土地改良区の工区となっているぐらいでしょうか。ですので、日頃から小学校区単位で農業の関係者が集まる場がなく、ＲＭＯとの接点も持ちにくい、ということが言えると思います。

あとは行政、関係機関の体制の問題もあります。制度上は多面的支払や中山間支払の加算措置など、集落を越えた広域的な取り組みを促す事業が準備されています。ですが市役所の農政担当者、県の普及員（特に元「生活改良普及員（生改さん）」）、農協の営農指導員などが減少し、制度の周知、話し合いの促進、手続きのサポートなどが従来に比べ難しくなっています。

最後に、農村ＲＭＯのきっかけとして期待されている多面的支払や中山間支払などの各種の事務作業が、土地改良区や農協など、関係機関へ既に一定程度委託され、場合によっては組織も広域化されていることもあります。あえてそれから分かれて、改めてＲＭＯに事務を任せるインセンティブが乏しい、という地域もあると思います。

ＲＭＯの農村化にはこれらの課題への対応が求められます。それぞれ簡単ではありませんが、乗り越えられない課題とまでは言えません。最初の農業関係のまとまりについては、他分野での連携が既に進んでいますし、リーダー同士の人的なネットワークは一定程度あると思います。関係機関の人材不足も、場づくりや情報収集、事務手続きはＲＭＯの事務局が補完できる部分もあります。最後の組織の再編は無理にすべきことではありませんが、関係機関の事務受託は、事務作業の軽減以外にメリットが感じられないケースもあり、ＲＭＯへの切り替えによる他分野との相乗効果が期待できる地域も少なくないと思います。

ではこれらの課題がクリアされれば、ＲＭＯの農村化は今後順調に広がっていくでしょうか。残念ながらそう上手くは進まないのではないか、と思われます。理由は、そもそもＲＭＯの多くが大きな課題を抱えており、農村化する余裕、体力がない場合が少なくないからです。最も深刻なのはリーダーや事務局、活動の参加者の確保、住民の当事者意識などの「ヒト」や組織についての課題です。以前のブックレットで、市役所からの財源、人材、拠点、ノウハウ、正当性の「５点セット」の支援を受けている組織でも、それらの課題が生じている様子を紹介し、対応策を検討しました(注2)。しかし実態としては、そもそも「５点セット」の支援を十分受けられていない組織の方が多く、ポテンシャルを十分発揮できずに苦労している組織が少なくありません。先に触れたように、ＲＭＯの農村化には、話し合いの場づくりや情報収集、書類作成などの事務局機能が特に重要ですが、現在の活動、組織運営に手いっぱいで、新しいチャレンジが難しい組織が多いのです。

また一見順調に農村化しているＲＭＯでも、実はＲＭＯ自体が抱えている課題のせいで、農村化せざるを得ない事情があった、というケースもあります。そこで、次に農業関連事業に取り組み始めた組織を取り上げ、その背後にあるＲＭＯそのものが抱えている課題について考えます。

4　農業関連事業に取り組むRMO

（1）大津留まち協の概況

事例として取り上げるのは、大分県由布市庄内町の大津留まちづくり協議会です。大津留地区は、大分市中心部から車で約50分、市役所からは約10分、別府や由布院の中心部からはそれぞれ約30分の距離にあります（**図Ⅲ－1**）。７つの集落から構成され、２０２２年の人口は４０５人です。合併で由布市となった２００６年から34％減少しています。高齢化率は52・５％です。大津留地区は小学校の校区でもありましたが、小学校は２０１６年に閉校しています。

大津留まち協は、２０１７年に由布市内で最初のＲＭＯとして設立されました。組織としては部会制を敷く一般的な一体型で、７部会が置かれています。まち協の性格は自治会連合型で、会長は設立時の自治員会長、役員選考委員会（最大13名）への現職の全自治委員と元自治委員会長の参加が規約に規定され、各集落から自治委員と別に選出される2名の代表者が各部会に分かれて参加します。前身となる「大津留振興会」が１９８１年に結成され、イベントやスポーツ振興を担い、各戸から年間３００円の賛助金を集めていました。まち協はこの振興会の枠組みが機能強化したものと位置付けられます。活動拠点は小学校の校舎だった「おおつる交流センター」で、まち協が市役所から無償で指定管理を受けています。２０２２

図Ⅲ-１　由布市大津留地区の位置

（注2）山浦陽一『地域運営組織の課題と模索（ＪＣ総研ブックレット20）』筑波書房、２０１７年を参照。

年度現在、集落支援員と、地域おこし協力隊がそれぞれ1名ずつ常駐し、事務や広報、カフェ・売店・無人販売所の対応を担当しています。

２０２２年度のまち協の主な活動は、カフェ・売店・無人販売所運営、毎月1回の「おおつるマーケット」、竹細工職人への部屋の貸し出しと竹細工教室、その他英会話・書道等の各種教室、神楽講演、夏祭り、サロン、スポーツサークルへの体育館の貸し出し、グラウンドゴルフ大会、防災訓練など、活動拠点である交流センターを活用したものが中心です。もう一つの特徴は、稲や唐辛子の生産販売、体験農園の運営、そして多面的支払の事務作業の受託といった農業関係の事業です。それら農業関係の活動を主に担うのが農業生産部と特産品開発販売部ですが、これに類する部会を置いている組織は珍しいです。ちなみに稲の作付け面積は約1・3haで販売額は50万円強、それに中山間支払の個人配分20万円強がまち協の収入です。唐辛子も１００万円近い売り上げがあります。大津留地区内には集落営農法人も１つありますが、まち協が管理する水田がある集落ではなく、他の集落までカバーする余裕はないとのことで、耕作放棄防止と自主財源確保を目指してまち協として管理することとなりました。そのほか、地区内のみつまた群生地の管理やイベント、道路美化活動なども行っていますが、センターの活用と農業関係の事業が大津留まち協の活動の特徴と言えます。

（２）まち協による多面的支払の事務受託

２０２２年４月、大津留地区内全７集落が参加して、多面的支払の活動組織である「大津留広域環境保全会（以下では保全会）」が発足しました。対象面積１９２ha、交付金は総額で年間１８２３万円という大型の組織です。最大の特徴は、これまでも述べてきたように事務作業をまち協へ委託している点です。

交付金の中から13％程度を拠出し、毎月８万円、年間約１００万円でまち協に事務を委託しています。８万円のうち４万円は事務員の人件費で、事務作業が増える年度初めや年度末を中心に年間40日従事します。残り４万円の内訳は、事務所など施設使用料が3万円、パソコンや電話、コピー機といった機材・備品の使用料が1万円となっています。

保全会とまち協の関係について、もう少し説明します。まち協の事務局長と保全会の事務局長は同じ方が務めています。前述の事務員はこの事務局長やまち協の集落支援員、協力隊とは別の方です。2022年度現在、以前まち協事務局のスタッフだった30代の女性A氏が担当しています。家庭の都合でフルタイムのまち協の事務局は辞めざるを得なかったのですが、年間40日程度で、ある程度作業のタイミングも融通が利くことから引き受けました。事務室はまち協の支援員、協力隊と同室で、事務員の方が不在でも、書類の受け渡しや電話対応などは支援員や協力隊が対応します。また保全会の運営委員会には、まち協の代表者をオブザーバーとして出席させ、意思疎通、情報共有を図ることができると規約に明記されています。

事務作業の委託以外には、各集落でバラバラだった経費や報酬の規定を統一し、作業時の保険も一括で加入するなどの合理化を進めましたが、集落を越えた作業の相互支援や、災害対応などのための交付金の配分の柔軟化などはまだ行われていません。今のところ作業は集落ごとで、交付金も集落の対象面積に合わせて配分されています。

(3) 事務受託の背景

農林水産省では、農村RMOの形成、運営に必要な協議の場の設定、事務局の設置や拠点施設の維持管理の経費確保のためにも、まずは中山間支払の集落協定や多面的支払の活動組織の統合、事務作業の連携を推奨しています。大津留まち協でも、事務作業受託の最大の動機は、まち協側の財源の確保でした。

由布市では、RMO設立時の事業試行の支援として「地域活力創造事業費補助金」(大津留まち協の場合42万円)を準備し、設立後は「地域まちづくり推進交付金」として5年間毎年最大250万円の財政支援を行います。内訳は事務局の人件費や拠点施設の維持管理費として150万円、各種活動の経費として100万円です。大津留まち協でも、設立した2017年度から2021年度までの5年間、毎年約220万円の支援を受けていました。しかし、設立から6年目以降は、財政的な支援は基本的になくなることになっており、経済的な自立を求められます。その際、大きな財源がなくても持続できる活動、スリムな組織運営に移行する、という選択肢もありえますが、大津留まち協ではそれを選択しませんでした。

大津留まち協の設立の最大の動機は、閉校となった小学校の校舎の利活用であり、光熱費や維持管理の人件費など、その為の一定の財源の確保は必須でした。特産品開発販売部が当初から置かれ、その後農業生産部が追加されたのも、6年目以降の自主財源確保が主な目的です。センターを活用した事業でも、カフェや売店、マーケット、教室の貸し出しなど、少しでも収入を得られる活動が中心となっています。さらに市からの支援と並行して、2017〜2019年の3年間は、それぞれ年間240〜300万円の補助を受けて、イベントや農産加工のための各種備品の整備を行いました。

市の交付金の最終年度である2021年度のセンターの指定管理会計は、電気代32万円、浄化槽10万円など支出が89万円に対して、施設使用料などの収入は55万円で、差し引き34万円の赤字でした。特産品の販売や農業ではその赤字を埋められるだけの収益はまだ上げられず、市からの活動費で補填されていました。2022年度以降はそれも難しくなる中で、新たな財源の確保が求められていました。先に見た保全会の施設使用料年間36万円は、この赤字額と概ね一致します。

なお、まち協としての事務作業受託は、急遽進められたものではなく、まち協の設立総会時に地元選出の市議会議員から提案があるなど、実は設立時からアイデアとしては共有されていました。その後設立3年目に、まち協役員から各集落に多面的支払の事務作業受託を提案しましたが、その際は合意が得られませんでした。実はまち協設立前に設立の賛否の判断を各集落に求めた際、賛成は7集落中4集落で、地区全体がまち協に前向きだったわけではありませんでした。

設立から3年が経過し、まち協の存在は浸透しつつありましたが、まだその必要性や役割に懐疑的な住民の方も残っていました。また7集落中2集落は、水利組合の繋がりで土地改良区が事務を担う別の広域の活動組織に参加していました。集落単位で活動する集落も、まだ事務作業についての課題は顕在化しておらず、組織統合の必要性を感じていない集落がありました。

しかし2021年度、市からまち協に対する補助が終わる5年目を迎え、まち協役員が改めて各集落に提案し、今度は了承を得ました。別の広域協定に参加していた2集落も含め全7集落で組織を設立します。広域協定に参加していた2集落は、事務作業面では問題はありませんでしたが、事務経費がまち協への委託の方が割安なのと、元の組織では交付金の一部がプールされ、災害復旧などで優先的に工事が必要な個所に予算が充てられていたため、大津留の保全会に合流した方が地域で活用できる交付金が増え、メリットが大きいと判断しました。ただしまだ自分たちで運営できると考えていた集落もあり、保全会設立に賛成したのは、今回も7集落中4集落で、ギリギリの判断でした。

なおこの保全会の設立やまち協への事務委託は、市や県のRMOや農政の担当者が積極的に働きかけたものではありません。事務手続きについてのサポートはありましたが、あくまで地域側が、自主財源確保の手段として独自に発案して進められたものでした。

（4）市役所の対応

次に市役所のRMO担当部局の対応とその背景についても紹介します。なお由布市役所では、主にRMOを含めた地域振興に関する事業を企画立案する総合政策課と、合併前の旧町単位で現場の対応を担う地域振興課が連携してRMOのサポートをしています。

市役所では、大津留まち協の設立に合わせ、本格的なRMOの支援を開始しました。しかし実は市にはその前身となる「地域の底力再生事業（２００６～２０１４年度）」がありました。コンサルタントのサポートの下、全4回のワークショップを経た上で活動を立ち上げるなど先進的な事業で、大津留地区を含め市内様々な地域が取り組みました。大津留地区も他の地区に先駆けて、事業開始初年度である２００６年から3年間実施しています。ただこの事業は活動の立ち上げ支援が主な目的で、事業期間は基本的に3年間に限られ、予算も年間30万円と多くなく、活動や組織運営の継続性に課題がありました。

そこで市役所では、大津留まち協への支援に当たり、支援期間を5年間に延ばすとともに、活動費だけでなく組織運営面での支援を拡充し、事業が終了する6年目以降も活動、運営が継続することを目指しました。しかし結果としてそのトップバッターだった大津留まち協も、コロナ禍もあり今のところ施設活用や特産品販売、農業だけでは、自立的な運営のための十分な収益を生み出すことはできていません。

前述のように大津留まち協では、設立5年目の２０２１年度に保全会設立の準備を進めていましたが、それと並行して、市役所とまち協で6年目以降の運営、活動の財源について議論をしました。各種の活動や、そのベースとなる組織運営の財源をどう確保するか、それに対し市役所がどう支援できるかを検討していきました。

結論としては、市役所は地域おこし協力隊の配置の継続に加え、6年目となる２０２２年度から3年間、総務省の集落支援員制度を活用し、常勤のスタッフをまち協に配置することになったのです。組織運営の基礎を支える人材の配置、人件費の確保を優先し、施設の維持管理や活動のための財源は自力で確保する、という方針です。そしてその財源確保の核となるのが保全会からの事務作業受託でした。

保全会からの事務作業受託、協力隊員配置の継続と集落支援員制度の活用に加え、イベントの協賛金依頼の強化、さらに全般的なコロナ禍からの社会・経済活動回復による施設利用の活発化により、２０２２年度は活動量を増加させつつ収支もプラスになりました。さらに市役所は、２０２３年度からふるさと納税制度を見直し、まち協に寄附が出来るようにするなど、まち協の運営を支える仕組みの整備を進めています。

（5）大津留まち協の課題と今後の方向性

大津留まち協は市内第1号のＲＭＯで、上で見た新しい市の事業に対する市議会からの注目もあり、事業の最終年度である２０２１年度に、市役所からの提案で住民（世帯）アンケートと役員・部会員アンケートを実施しました。さらに２０２２年度には県の事業を活用し、中間支援組織の支援の下、前年度のアンケート分析、役員・支援員・協力隊・移住者・市役所担当者へのヒアリング、活動計画の策定を行っています。それらの結果として明らかになったのは以下の諸点です。

まず世帯アンケートでは、まち協について「よく知っている」が7割と、設立から5年を経てまち協の認知は進んでいます。グラウンドゴルフ60％、おおつるマーケット59％、夏祭り46％など、各種のイベント、活動に参加している住民もかなり多いと言えます。まち協に対する期待としては、配食や移動販売、移住促進、婚活などの要望が出され、また役員やスタッフ以外の多様な主体の更なる参加の必要性も指摘されています。

役員・部会員アンケートでは、活動には一定の評価がされている一方で、部会運営や住民のニーズの把握が課題と認識されています。またアンケートが保全会の事務受託や集落支援員の配置の決定の前だったこともあり、市の事業の終了や、センターの指定管理料がないことへの不安や疑問が数多く寄せられていました。

ヒアリングでは、まず役員は自分や子どもたちの母校であり、地域づくりの拠点である校舎の維持管理、利活用がまち協の最優先の使命だと考えていました。他方で、結果として他分野に十分手が回っていないこと、役員の活動量、責任も重く、役員の手当はないため、後継者の確保が難しいことが課題と認識されています。ちなみに会長、副会長3名、事務局、会計の6名で役員会を構成していますが、これまでに交代したのは会計だけで、残りは設立以来同じメンバーが務めています。

移住者、協力隊へのヒアリングでは、以下の声がありました。移住者の皆さんは、仕事や子育てに加え、集落の行事、作業もあり、まち協の運営に中心メンバーとしてすぐに関われる状況ではないそうです。また一口に移住者といっても、職業や家族構成、考え方などは多様で、住んでいる集落も異なるため、日頃の交流は多くなく、例えばまち協の中で移住者だけのチームを作るようなことはイメージできないとのことでした。ただ共通して移住者の受け入れには積極的で、まち協として空き家の掘り起こしや希望者とのマッチングに取り組んでほしい、自分たちも地域の案内や生活のサポート、家屋の片付けや改修、協力者の紹介などを担いたい、とのことでした。それ以外にも、校舎の有効活用を兼ねて子どもの居場所づくりや郷土料理のワークショップなども期待していました。日頃のまち協の活動については、校舎の利活用や自主財源確保に役員が忙殺され、地域の将来像の検討や人材の育成、より多くの住民が参加できる仕組みづくりなどに十分力を入れられないことを残念に思っていました。

市役所のＲＭＯ担当者にもヒアリングをしました。市役所としては当初の事業の趣旨に沿って、引き続きまち協に経済的自立を促すと共に、福祉や防災などにもさらに力を入れて、より総合的な活動を期待していました。また協力隊や新たに配置した支援員については、施設の維持管理やカフェ・売店の店番、事務作業だけでなく、地域課題の把握や新しい活動の立ち上げを期待していました。

以上のアンケートやヒアリングの結果を基に、役員が中心となってこれまでの経緯や住民の声、今後の活動の方向性をまとめた計画書を策定しました。新たな事業としては、ふるさと納税による寄付の推進と、移住希望者の相談窓口の設置が採用されています。２０２３年４月の総会で計画書の内容を了承し、実行される予定です。

5　大津留の状況の一般性

大津留まち協では、保全会の結成とそこからの事務受託、水田管理、特産品開発など、農業関連分野に積極的に取り組んでおり、農村ＲＭＯの先進事例といえます。他方で、大津留まち協の農村化は、活動拠点であり、また住民の心のよりどころでもあるセンターの維持管理の財源確保のための苦肉の策、という面もありました。事務受託では、当初納得していない集落もありましたし、移動や買い物、子育て支援、移住受け入れなど、他分野の課題に十分対応できていないことも分かりました。何より役員の皆さんの心身の負担が大きく、後任確保もままならない状況でした（図Ⅲ－２）。

背景には、市の地域活動に対する時限的、かつ活動重視の支援方針がありました。前身の事業に比べれば支援期間を延長したり、事務局の人件費や拠点施設の管理費もカバーするなど、活動だけでなく、組織運営に対する目配りもされています。ただそれでもまだ地域にとっては組織運営のための負担は大きいと言わざるを得ません。ＲＭＯの運営には、自由に使える拠点施設と事務局の人件費が重要であり、それがないと必要な活動に十分力を入れられない、というのが大津留まち協の様子から言えそうです。

このような大津留まち協の状況は、どの程度一般性があるのでしょうか。総務省の

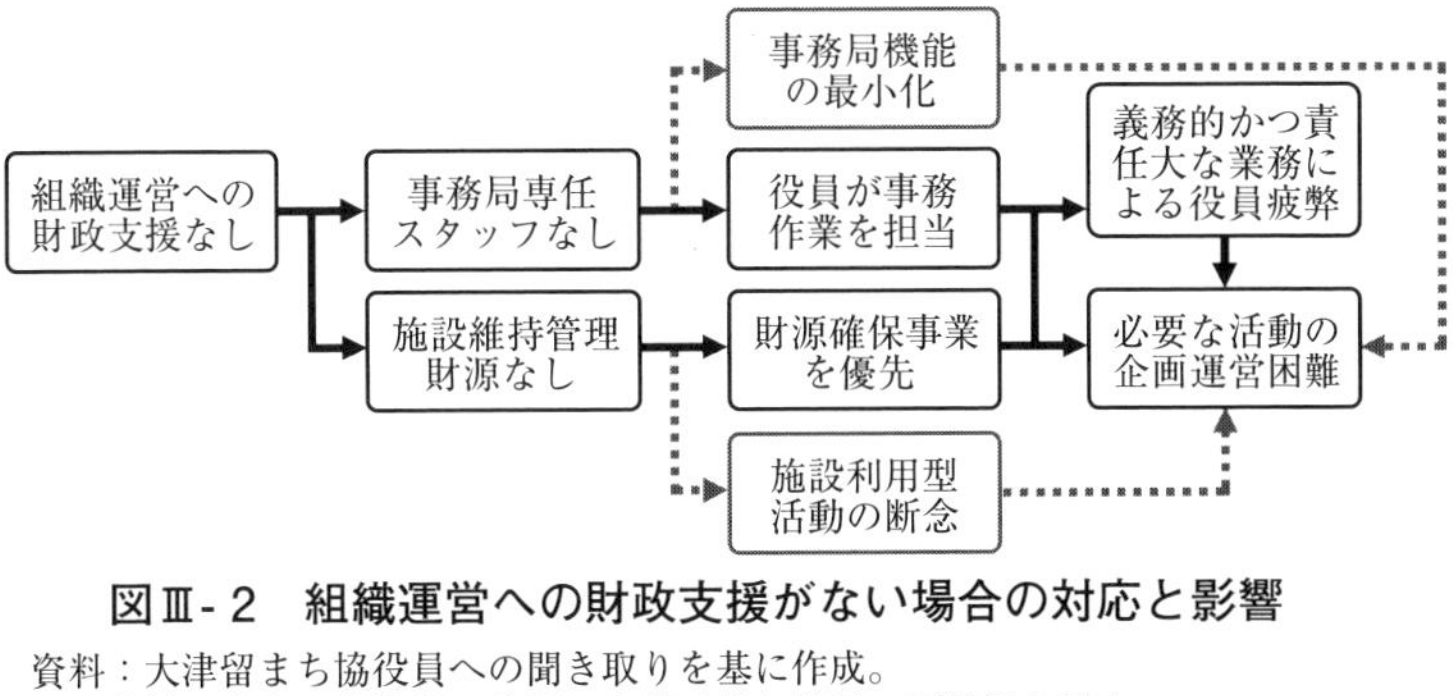

図Ⅲ-２　組織運営への財政支援がない場合の対応と影響

資料：大津留まち協役員への聞き取りを基に作成。
注：実線は実際の大津留の状況、点線はそれ以外の可能性を示す。

（注３）総務省地域力創造グループ地域振興室「地域運営組織の形成及び持続的な運営に関する調査研究報告書」（２０２３年３月）を参照。

２０２２年度の研究会報告書から見ていきます（注３）。２０２２年度の研究会では、「柔軟な最適化」をキーワードにデータを分析しています。その中で、事務局体制の整備と「柔軟な最適化」の関係が整理されています。「柔軟な最適化」は、状況に応じた適切な組織運営の見直し、というように理解すれば良いと思います。**図Ⅲ－３**を見ると「役員が事務局業務を担っている」ＲＭＯでは、最適化にかかわる取り組みが３つ以下と少ない割合が52・４％なのに対し、「役員とは別の事務局体制を確保し」ているＲＭＯでは28・０％と、前者の約半分となっています。事務局体制が整っているＲＭＯではより適切な組織運営を行っているのに対して、役員中心の組織では、十分行えていない様子が想像できます。そして、その事務局体制が整っているＲＭＯは全体の37・４％なのに対し、役員が事務局、という割合は47・１％と、役員中心で運営されている組織の方が多くなっています。

　次に、事務局の人件費や、拠点施設の維持管理のため、大津留まち協の様に事務受託や農業、特産品販売などで自主財源を確保できそうなＲＭＯはどれくらいあるのでしょうか。生活支援事業や、指定管理、行政からの受託事業などを除いた本格的

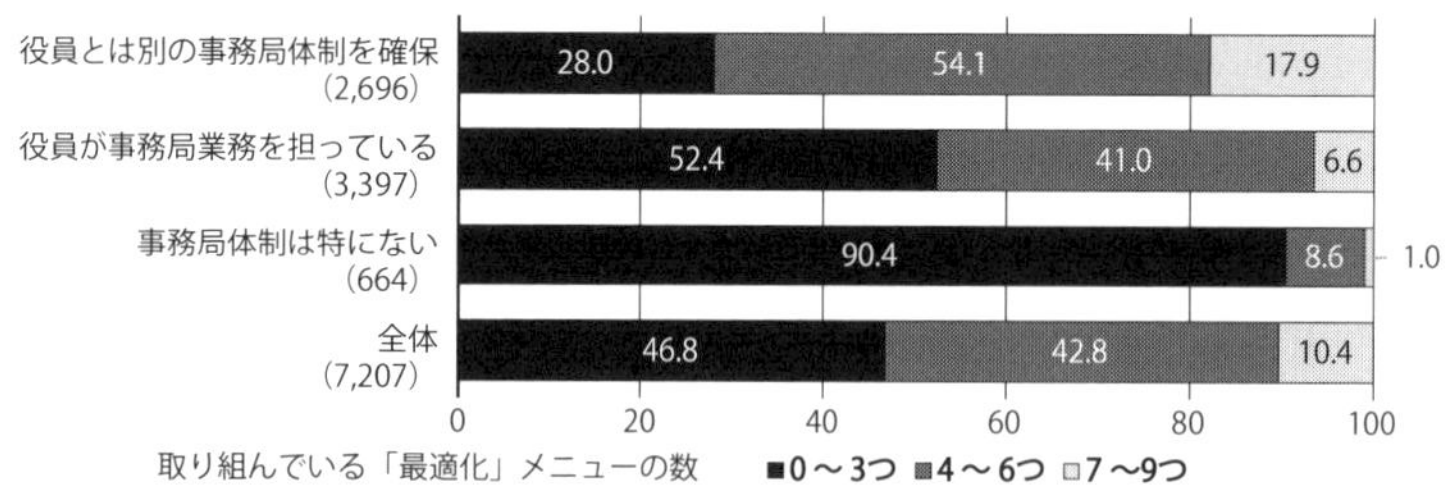

図Ⅲ‐３　RMOの事務局体制と「最適化」の関係

資料：総務省地域力創造グループ地域振興室「地域運営組織の形成及び持続的な運営に関する調査研究報告書」（2023年3月）より作成。

注：グラフは事務局体制の違いでRMOを4つに分類した上で、「柔軟な最適化」として以下の９つの取り組みのうちいくつ実践しているかを表示（カッコ内の数値は実施しているRMOの割合）。

① 企画立案プロセスでの住民の声やデータ活用の有無（52.0％）
② 取り組む地域課題の分野の変化の有無（25.3％）
③ 構成・協力団体の新規拡大意向の有無（32.1％）
④ 部会数の増減の有無（13.7％）
⑤ 組織運営でのデジタルコミュニケーションツール活用の有無（42.5％）
⑥ 人材育成の取組の有無（52.5％）
⑦ 人材確保の取組の有無（56.4％）
⑧ 自主事業等の実施等による収入の有無（44.2％）
⑨ ビジョンの見直しや新規作成の意向の有無（49.2％）

な収益事業が主な収入源（第5位まで、複数回答）に含まれるＲＭＯは16・８％です。大津留まち協の様に、農業や特産品販売などの経済事業にチャレンジしているＲＭＯは２割に届かない状況です。その２割のＲＭＯも、どこまで収益が上がっているかは分かりません。自分たちで稼いで、それで事務局の人件費や施設の維持管理まで賄う、というのは現時点では現実的ではないように思います。

主な収入源の第1位は「市区町村からの助成金・交付金等」で、84・０％の組織が挙げています。ちなみに市町村側から見ると、ＲＭＯのある８５３市区町村中、ＲＭＯに助成金・交付金を出しているのは62・７％、５３５市区町村です（図Ⅲ－４）。この助成金・交付金から事務局の人件費や施設管理費を確保できているのでしょうか。実はこの助成金・交付金の中で、人件費も支出できる市区町村は５３５市区町村中29・２％、１５７市区町村で３割に届きません。拠点施設の賃借料・光熱費・消耗品等に充てられる市区町村も、46・０％、２４６と半分に満たない状況です。逆にお金は活動費にしか使えず、組織運営に

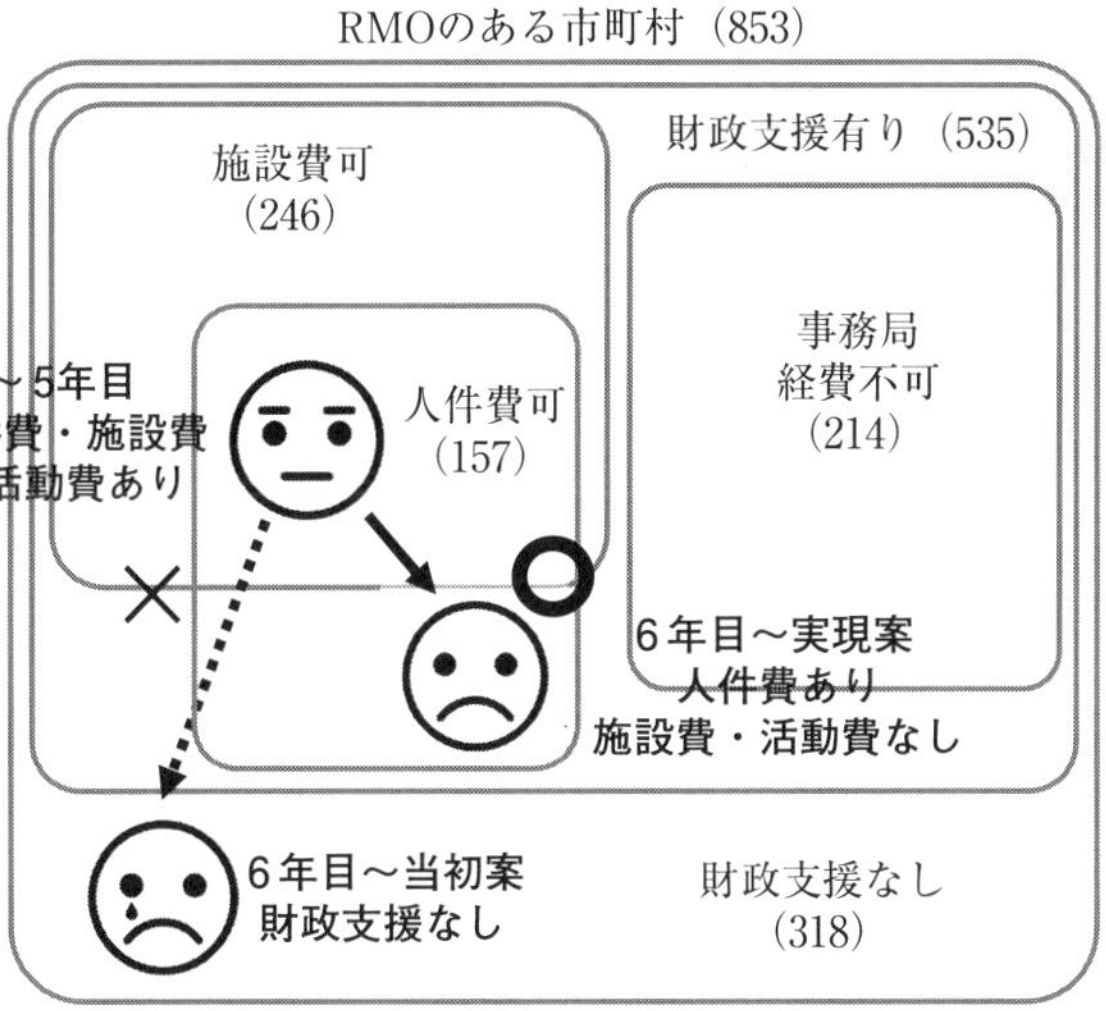

図Ⅲ-４　RMOに対する財政支援の状況と大津留まち協の位置づけ（顔マーク大津留まち協）

資料：総務省地域力創造グループ地域振興室「地域運営組織の形成及び持続的な運営に関する調査研究報告書」（2023年3月）、および大津留まち協役員への聞き取りより作成。

注：１）カッコ内の数字は該当する市町村数を表す。
２）四角の面積はフリーハンドのため、厳密に市町村数の割合を表現していない。
３）顔マークは大津留まち協に対する市役所の支援の変化とそれに対するまち協の受け止めを示す。５年目までは活動費、施設費、人件費とも支援を受けているが、５年の時限的支援で、その後の自主財源確保を迫られていたため笑顔とはしなかった。

は充てられない市区町村が40・0％、214あります。そもそも助成金・交付金がない市区町村が318あり、あっても組織運営には使えない市町村が214ですので、RMOがある853市区町村中、組織運営に対する支援があるのは4割以下、残り6割強は大津留まち協よりも厳しい財政状況の中で組織運営をしていることになります。

冒頭で見たように既に一定程度RMOの農村化は進んでいますが、以上のデータを踏まえると、農村化は事務局が整い、拠点施設も自由に使えるRMO、もしくは数は多くないと思いますが、大津留まち協の様に財政的支援が十分でない中で拠点施設の維持管理などの経費を賄わないといけないRMOが取り組んでいるのではないかと思われます。そうではないRMOでは難しく、そしてその組織運営の体制が整っていないRMOの方が数が多い、ということが言えるのではないでしょうか。

6　RMOの役割と行政への期待

RMOは地域の課題解決のため住民が主体的に設立、運営する組織であり、行政が組織運営まで支援する必要はない、という声も聞かれます。それも一理あると思いますが、他方でRMOは行政の苦手分野や機能低下を補う面があること、またRMOの存在を前提とした事業、施策が各分野で増えていることも考慮する必要があると思います。農業関係でいえば、大分県内で2022年度からの地域計画の策定をRMO単位で準備している市町村もあります。拠点施設の維持管理や事務局の人件費など、組織運営に必要な基礎的な経費は、一定程度行政が支援すべきと考えるのが自然ではないでしょうか。

RMOは地域課題解決のプラットフォームであり、健全な運営がされていれば、RMOの農村化は、政策として無理にドライブをかけなくても自然に広がっていくはずです。必要なのは、各RMOが農村分野をはじめとした地域課題に、主体的、積極的に取り組める環境整備です。総務省では、事務局の人件費や拠点施設の維持管理も含めた運営に対する財政的支援について、普通交付税で措置しています。また事務局スタッフの配置は、集落支援員制度を利用している市町村も少なくありません。まずは改めてこれらの制度を周知するとともに、拡充を期待したいと思います。農林水産省でも、既に多面的支払の活動組織や中山間支払の集落協定の広域化、中山間支払での集落機能強化加算などの事業を整備してきました。農村ＲＭＯの推進に当たり、さらに県レベルでの中間支援体制の整備を推奨しており、例えば鹿児島県ではその事業を活用し、元生改さんが伴走支援者として活躍するなど、農業・農村政策としてできることはかなりしていると思います。焦点は各省庁や都道府県というよりも市町村レベルです。由布市役所では、集落支援員制度を活用してスタッフを配置するとともに、ふるさと納税制度をアレンジした自主財源確保の仕組みも整えました。また県の事業を通じて中間支援組織を活用し、改めてまち協が活動や組織運営の方向性を考えるサポートもしています。政策資源が限られていく中だからこそ、ＲＭＯがある市町村には、各省庁や県の事業も上手く活用しながらＲＭＯの組織運営に対する支援を丁寧に行い、地域の主体的な力を引き出す、その決断と実践を期待したいと思います。

Ⅳ　農的関係人口と「関係住民」―活力づくりの課題―

小林　みずき

1　農的関係人口づくりにおける関係住民の重要性

（1）地域振興に向けた農的関係人口づくり

本章では、農村地域における活力の創出をテーマに「農的関係人口の創出・拡大」（以下、農的関係人口づくり）に注目します。農村地域に多様なかたちで関わる人を増やそうという農的関係人口づくりは、人口減少に伴う様々な問題の打開策として位置づけられます。特に、農山村では農業にかかわる担い手の不足が深刻な状況にあり、将来的に就農を希望する人や、既存の農業者をサポートしてくれる人を地域外に期待する自治体は少なくありません。農業には、販売農家以外にも自給的な畑や家庭菜園の営みがあり、またそれらに関連して水路や農道の管理や清掃、獣害対策、農産物の利活用など、多様な関わりかたがあります。このような「かかわりしろ」というメリットを活かして、農的関係人口づくりを進めていくことは理想的な取り組みといえます（注1）。

しかし、かかわりしろをもっているはずの農業や農的な営みに、一部の人しか関わらない構造になっているのが現在の農村の実情です。筆者は先のブックレット（注2）において、農村地域に居住していても、農業に関わりにくい現状を明らかにしました。そこには、非農家の人だけではなく、農家の世帯員や農家を親戚に持つ人を含んでいました。こうした実態を踏まえて、農村の住民が生活の中で農を営むことを目指し、農や食の技術や知識を習得しようとする取り組みとして「農活」の必要性を指摘しました。

この中での農活の一例が、今回取り上げる対象地域に位置する、長谷さんさん農園です。長谷さんさん農園は有機農法を用いた「ちょっと本格的な家庭菜園」を学べる場として、会員が共同で管理を行うかたちの農園です。当初は地域外の人に加えて地域住民が通う姿が見られました。しかしながら、その後の様子は変化しつつあり、農的関係人口との関係を深めている一方で、住民側に農活を続けてもらうことの難しさも垣間見えます。

(2) 盲点となっている〝無関係〟な住民

地域外の人との関係づくりが模索される一方で、見落とされてしまうのが地域内に住む人々の存在です。移住や定住、そして新規就農を含む起業や継業の推進において、地域側に受け皿が必要なように、地域外の人と持続的な関係を構築していくためには、地域側のサポートもまた不可欠です。これまでのブックレット(注3)には、農村外部の新たな人材が活躍する様子が紹介されています。そこには外部から来た人たちが農村地域に暮らし、なりわいをみつけ、地域の一員となっていくまでの過程において、現地の住民と関係を築いていく様子があります。農的関係人口づくりではその対象として、移住・定住を見据えた人にとどまらず、より多くの人々との多様な関わりが想定されています。このことを踏まえると、より多くの住民にどうしたら関わってもらえるかという点が大きな課題となるのです。

この課題を考えるためのキーワードが「関係住民」です。現代社会では農村に住んでいても農業や地域社会とほとんど接点を持たず、無関係な状態で生活することができます。この点を踏まえると、農村地域内に居住していても地域に

(注1) 農業がもつ「かかわりしろ」に関する議論は図司直也『就村からなりわい就農へ―田園回帰時代の新規就農アプローチ―』筑波書房、2019年を参照。
(注2) 小林みずき『農村における農的な暮らし再出発―「農活」集団の形成とその役割―』筑波書房、2022年。
(注3) (注1) をはじめ図司直也『地域サポート人材による農山村再生』筑波書房、2014年、筒井一伸・尾原浩子著『移住者による継業―農山村をつなぐバトンリレー―』筑波書房、2018年などがある。

関わっていない人たちにどのように関わってもらうのか、すなわち「関係住民」になってもらえるかが、農的関係人口づくりにおける問題の焦点となるのです。

（3）本章の目的

以上の点を念頭に置きながら、本章では「農ある暮らし」をテーマに農的関係人口づくりを進める長野県伊那市長谷地域を事例として取り上げ、住民側の課題を明らかにしながら対応策を検討していきます。この対象地域では「農ある暮らし」というテーマの通り、農の営みを職業としての位置づけではなく、生活の一部に位置づけようとしているところに特徴がみられます。これまで農業に関わってきた農業者とは別の角度で農との関わり方を持つ人を増やしながら、地域の活力づくりを進めようとしているのです。長谷地域での取り組みを参考としながら、農村における活力づくりを進めていくうえで、農村内の住民に関わってもらうことの必要性を提示するとともに、その対応策について考えることが本章のねらいです。

そこで、2節では長谷さんさん農園が属している地域の協議会について概観を示し、3節では協議会ならびにさんさん農園における農的関係人口づくりの経緯と現状を示します。農的関係人口の様子とあわせて、4節では地域住民の様子にも注目していきます。5節では、地域外にいる農的関係人口づくりを進めて行くほど、関係住民の必要性が高まることを確認し、地域内に住みながらも農村社会や農の営みに関わっていない農的無関係住民をどのように「関係住民」化できるのかという視点で、対応策を検討していきます。

2　農的関係人口づくりの動き

（1）長野県伊那市長谷地域の概要

伊那市は長野県の南部に位置する稲作兼業地帯です。長谷地域は伊那市の山間部に位置し、市街地からは車で20分ほどかかります。長谷地域には専業的な農家や農業経営体も存在しますが、既存農家の場合には自給的な農業を営む世帯がほとんどです。その一方で、小学生や中学生の教育課程に農作業が組み込まれているだけでなく、保育園児たちも圃場で野菜の栽培をするなど、教育や子育ての一環として農業が位置付けられているのも特徴の一つです（注4）。

長谷地域内における移住・定住の動向に関しては、溝口区の有志「溝口未来プロジェクト」が率先して推進を図ってきました。溝口区は市が進める田舎暮らしモデル地域事業の指定地域3地区のうちの一つで、この組織が事業の活動推進の主体となっています。市の事業が開始される以前から住民らが自主的に組織の立ち上げを行い、活動を開始していたのです。空き家対策や情報発信に加えて、新規の移住者・定住者に対する「見守り」も行っています。地域の実情に危機感を抱き、主体的に移住の促進に向け活動を展開してきた地域といえます。

（2）推進母体「南アルプス山麓地域振興プロジェクト推進協議会」

長谷さんさん農園は長谷一帯において農的関係人口づくりを進める「南アルプス山麓地域振興プロジェクト推進協議会」（通称、長谷さんさん協議会）の取り組みの一つです。まず協議会の概要について説明すると、２０１９年に、長谷

（注4）旧長谷村では学校給食にも力を入れており、２００６年全国学校給食甲子園第1回大会で優勝したのが長谷学校給食共同調理場でした。小学5年生が収穫したもち米の使用や、給食実施日のうち地元農産物の利用日の割合が94％であることなどが評価されての受賞でした。

一帯の地域振興を目指して立ち上げられ、3年間の地方創生推進交付金事業の助成を受けた後、2022年からは、市の地域おこし協力隊と集落支援員というかたちで事務局に対する支援を市から受けながら、自主財源の確保による運営の継続を模索しています。

協議会には主に長谷地域内の既存組織や個人が構成員として参加します。区長、溝口未来プロジェクト（田舎暮らしモデル地域事業推進組織）、地域おこし協力隊、集落支援員、長谷総合支所職員、伊那市社会福祉協議会、農業関係では溝口営農組合（主に水稲生産）、農業委員、農業者および地権者、長谷地区にある道の駅内の直売所と食堂および加工施設を経営する株式会社ファームはせ（旧長谷村時代に農家が出資して設立）、株式会社ワッカアグリ（長谷中尾区にて輸出用水稲を無農薬無化学肥料で生産）、教育関係では長谷中学校、小学校、大学教員（筆者を含む）などから構成されています。

事務局は最初の3年間を県内外でコンサルティングを行ってきた出版社が受託し、4年目以降はその出版社を退社後、長谷の集落支援員となった女性が委嘱を受けています。協議会内には5つのワーキングチーム（WT）があり、それぞれのWTでは地域振興に向けた取り組みを、農業を軸に進めてきました。**表Ⅳ－1**にWTの活動内容を示します。

地域農業、給食、6次化（6次産業化）、ツアー、長谷みらい米づくりという6つからなる各WTでは移住・定住者の増加を目標に、農業に関連する活動をそ

表Ⅳ-1　長谷さんさん協議会におけるワーキングチームの概要

名称（人数）	設置年	主な活動の内容
地域農業 WT（9名）	2019 年	農ある暮らし学び塾、長谷さんさん農園（長谷さんさん農学校）、草刈り講習会の実施、獣害対策の検討、伝統野菜の掘り起こし
給食 WT（2名）	2019 年	学校給食への地場産食材の納入、継続的な納入体制の構築
6次化 WT（12 名）	2019 年	加工施設の活用、新ブランド「Colart」の立ち上げ、ラー油「長谷の太陽」生産体制の強化
ツアーWT（4名）	2019 年	農業や農村体験付きの宿泊ツアーの企画と実施
長谷みらい米づくり WT（4名）	2021 年	会員を募っての無農薬無化学肥料での米づくり（田んぼのオーナー制）

資料：南アルプス山麓地域振興プロジェクト推進協議会資料より抜粋し作成。

れぞれ展開してきました。さんさん協議会が刊行する『長谷さんさん便り』２０２２年3月第3号の表紙の見出しには「農業なしには考えられない長谷の振興」の文字が並びます。関係者組織が地域の問題や目標を共有し、連携しながら、取り組む様子がありますす。特に地域農業ＷＴと米づくりＷＴでは「農業」に直接関係する活動を展開してきました。さんさん農園の取り組みは地域農業ＷＴの活動として位置づけられています。協議会設立当初から始まった地域農業ＷＴでは地域の農地を荒廃させないため、無農薬・無化学肥料による農業の定着を図る取り組みを進めてきました。当初は都市部との交流を図ることを目指して、「農のある暮らし」を学ぶ講座を企画しましたが、その後のコロナ禍で方向転換をし、近隣の人に学んでもらおうと、講座の受講や農園の利用を促していきました。現在は会員制の長谷さんさん農園の運営がメインとなっています。長谷みらい米づくりＷＴは地域農業ＷＴから派生して誕生しており、２０２１年から溝口未来プロジェクトと協働で無農薬・無化学肥料による米作りを開始しました。一年目は無償で米づくりを実施し、二年目からは有料での米作り体験を提供してきました。お米を販売するため、伊那市長谷総合支所を通して、「東京長谷人会」（東京に居住する長谷出身者のネットワーク）にも販売用チラシを送付しています。

（3）農的関係人口づくりに向けた各事業の様子

さんさん協議会が設立された当時、長谷の地域振興に必要となる移住・定住者の受け入れを進めていくことを目標として、地域外の人を主な対象として位置づけ、事業や取り組みを展開してきました。それぞれの経緯と農的関係人口の推移を説明します。

①南アルプス有機・自然栽培農ある暮らし学び塾

開設当初のさんさん協議会が最も注力したのが「南アルプス有機・自然栽培農ある暮らし学び塾」です。「農ある暮らし」をテーマに有機農法や自然農法を学ぶ講座を長谷と東京の二ヵ所で開校するとともにリモート形式で開講してきました。

大手新聞社を通じた告知と新聞社のホールを借りたことで、2019年と2020年の2年間で355名の応募が見られました。受講者の居住地をみると、現地開催が行われた2019年度は県外居住者は63名で、県内在住者32名の約2倍となりました。この時点から、長谷へ定期的に通いたい、移り住みたい、という意向を示す参加者も見られました。2020年度はコロナ禍を受け、オンラインでの開催が中心となり、受講者は県外が151名、県内が24名と大きく差が生じ、都市部からの高い関心がうかがえます（注5）。

②長谷さんさん農園

2020年度からは地域農業WTが中心となり、農ある暮らし学び塾の研修圃場を用いて有機農業を学ぶ実践講座「長谷さんさん農学校」を展開します。地域農業WTの若手メンバーが、自分たちでも有機農法に挑戦しようと始めた「チャレンジ圃場」での活動もこれを後押しするきっかけとなりました。2つの取り組みが現在の「長谷さんさん農園」の原点となっています。市内で無農薬・無化学肥料で生産する専業農家が講師です。開校して間もなく「長谷さんさん農学校」には、長谷および伊那市内の仮住まいの移住希望者や、市内居住者や大学生などが参加するようになりました。

2021年度は「長谷地域の小さな農地を荒廃化させないためには、長谷地域で家庭菜園をする人を増やす必要がある」という方向性を見出していきます。「長谷地域で家庭菜園をする人を増やす」ことを目的として「ちょっと本格的な家庭菜園講座」をテーマに「長谷さんさん農学校」を開設しました。受講登録者数は56名、うち伊那市内の居住者が33名、そのうち長谷地域内居住者が10名となり、受講者へのアンケートでは「長谷で農地を借りたい」という回答が4件ありました（注6）。

2022年度から正式に長谷さんさん農園となり、有料会員制の共同運営型農園へと移行しました。共同管理の圃場（22アール）と、区画貸しの圃場（5アール）を設けました。共同管理では、大人1名につき年会費一万円（月会費千円）

（注7）、子どもは無料で、年間会員17名、月間会員8名の参加があり、1家族から複数名の登録をする家族も2世帯見られました。区画貸しの農地に関しては7名が借り受けていました。会員は長谷地域外の居住者と、移住や定住を開始して数年以内の長谷地域内の居住者であり、長谷地域出身の会員登録はありませんでした。

長谷さんさん農園では、圃場での作業以外に、会員外も参加が可能な収穫祭（バーベキュー）や味噌づくりのほか、山菜取りといった農作業以外のイベントが企画されています（**図Ⅳ－1**）定期的に長谷に足を運び、農園で野菜づくりに励む会員の姿がみられるようになりました。会員の様子は次節で示します。

図Ⅳ-1　さんさん農園でのバーベキューのイベント
（筆者撮影）

③長谷みらい米プロジェクト

「農ある暮らし」を目指すもう一つの取り組みとして、長谷みらい米プロジェクトを紹介します。長谷みらい米づくりWTでは、さんさん協議会と、移住定住促進を行う溝口未来プロジェクトが連携するかたちで、オーナー制の田んぼの管理・運営を模索してきました。WTのメンバーかつ地主でもある3名が中心となっています。

初年度となる２０２１年度は「有機の米づくり」に挑戦する人を増やすことが意識され、無償で参加者30名を募り、WTのメンバーと参加者が一緒に学ぶかたちを採用しました（**図Ⅳ－２**）。講師として長谷の中尾にて無農薬無化学肥料

（注5）岩﨑史「多様な担い手による山間農業地域の農ある暮らしと農地活用」『水土の知：農業土木学会誌』第89巻第4号、２０２１年、２３７～２４０頁。
（注6）（注5）と同じ。
（注7）２０２３年４月より価格を改定し、値上げを行った。人件費をはじめ管理費の確保が困難であることが理由である。

で米を生産するワッカアグリの代表を招くことにしました。三か所の水田が活用され、勉強会と実技体験会計14回にはのべ２０６名が参加しました(注8)。

２０２２年度は有料とし、団体コースには二企業、家族コースに三世帯、計25アールの水田を対象に実施しました。企業は面積に応じて20万円以上、家族は各３万円です。このうちの１社は生産したお米を原料に、自社用の日本酒を地元醸造業者で委託醸造を行い、道の駅長谷にてその一部の販売を試みました。このように、企業をはじめ継続する会員もおり、希望する企業数は増えつつあります。その一方で、有料化したことに伴い、参加者の数は減ってしまい、長谷の住民はほとんど継続に至っていません。今後の展望として、長谷みらい米づくりＷＴの中心的なメンバーは学習を重ねるなかで、無農薬無肥料への関心も高めており、今後の生産方法については無農薬・無化学肥料から無農薬無肥料への移行することも含めて検討しています。

図Ⅳ-2　長谷みらい米づくりプロジェクトの田んぼの様子

（筆者撮影）

３　農的関係人口づくりがもたらしたもの

（１）農業を通じた農的関係人口づくりの影響

協議会が発足した当初は協議会での活動を懸念する声も多くありました。協議会と各ＷＴでは、２０２０年からの３年間は新型コロナウイルスの感染症対策に翻弄されながらも、地域に目を向けることで、各ＷＴのメンバーを中心に活動内容を模索してきました。当初は「大風呂敷」とも揶揄された事業を少しずつ前進させていきます。関わる人たちは自らも「農ある暮らし」や「有機農法」を学習し、参加者の反応にも影響を受けながら、改めて取り組みに対して評価をするようになり、協議会のコンセプトとしても定着するようになりました。農ある暮らし学び塾は既に終了しているにもかかわらず、2023年時点でもウェブサイトを閲覧した人などから、事務局へ問い合わせがあります。農村での暮らしに触れ、学べる講習会が地域外の人々のニーズに沿ったものであることを示しています。

同時に地域の農法にも一部で変化がみられます。長谷地域ではこれまでも低農薬による農産物生産が行われてきましたが、無農薬・無化学肥料で行う有機農業に対しては抵抗すらあったようです。しかし、地域外の人を呼びこみ、有機農業を学習・実践してもらうこととなったため、当事者である農家も無農薬・無化学肥料の生産について一から学習を開始しました。地域外の人が熱心に取り組む様子を受けて、新たな農法を取り入れていく姿も見られます。また、給食WTでは以前より減ってしまった地元生産者からの農産物の納入体制の整備を進めてきました。従来、納品を行っていた旧麦わら帽子の会では低農薬の野菜を納品していましたが、現在納入する生産者の中には無農薬・無化学肥料で生産した野菜を納品する生産者も現れました。このように現在の協議会における取り組みは、協議会のメンバーを中心として、徐々に浸透してきています。道の駅での新商品の販売や給食を通じた生産者と子どもたちの関係づくりなど、地元の人たちにとっても明るいニュースとなっているようです。

これら協議会の取り組みに事務局としてかかわってきたのは、Uターンした長谷出身者の羽場友理枝さんで、さんさん農園の管理人も務めています。羽場さん自身は非農家だったことから、農業は初心者で、食に対して関心すらなかった時期もあったと言います。事務局を務めるようになり、協議会の若手メンバーと始めたチャレンジ圃場から、さんさん農学校、さんさん農園とあわせて、営農組合でも作業を手伝うなどして、ほぼ一から野菜の栽培技術を習得しました。「最近、おじさんたちにみやましくなったなぁって言われるんです」(注9)と近況を報告する羽場さんの様子からは、未経験から栽培ができるようになったという自信と、無理なく続けられる農のある暮らしを体現しようとする姿が伝わってきます。

(注8)『令和3年度南アルプス山麓地域振興プロジェクト推進協議会事務局及びアドバイザー業務委託実施報告書』産直新聞社。
(注9)「みやましい」は働き者、段取りがよい、よく気が付く、頼もしい、といった意味。

それを周囲の人たちが見守っていてくれるのでしょう。こうした実体験のもと、羽場さんは時間をかけてさんさん農園の活動を長谷地域に定着させていくことが大事だという考えに至ったと言います。

（2）長谷さんさん農園に通う会員の様子

長谷さんさん農園には長谷近隣の地域から会員が通うようになり、継続的な農的関係人口づくりにつながっています。2022年度の会員25名のうち、長谷に居住するのは二世帯の大人3名と子2名の移住者と新規定住者世帯で、残りは伊那市内の市街地や隣市の住民です。30代40代が多く、未就学児から小学生のお子さんを連れて来る方が目立ちます（図Ⅳ－3）。

「農ある暮らし」に関心を持つ、農業や菜園の初心者の方々が通っています。農園で学んだことを活かして「自分でも作ってみたい」という思いから、区画貸しの農地や、自宅の庭や畑で実践する人もあらわれています。農園に来ることを楽しみにしている子も多い様子で、年齢を問わず黙々と作業をする子もいれば、作業に飽きて公民館で遊んでいる子、そして休憩時間にお菓子を食べるのが一番楽しそうな子もいます。

会員の方々に農園に通おうと思ったきっかけや動機について尋ねると「家庭菜園について勉強したいと思った」「食に興味を持っていた」「週に1回程度、野菜の収穫や自然と触れ合う機会が子には必要と感じていた」「農業を教わりたいが農家さんには負担をかけてしまうので」という声がありました。

図Ⅳ-3　さんさん農園での作業の様子
（西条恵汰さん撮影）

農園の管理人でもある羽場さんは、農業に対し、誰もがかかわれることの良さを、会員の方々が活動する様子から感じています。ある会員のお子さんは、祖父母のおうちの畑にはあまり興味を示さなかったそうですが、さんさん農園での作業には自ら行きたいと言って、作業も積極的に行うと言います。畑や田んぼで、みんなで一緒に農作業をし、様々な人たちと関われることに子どもたちも居心地の良さを感じていることがうかがえます。

溝口未来プロジェクトの広報を担当する高橋光治さんは、イベントや作業の際に広報用の撮影に訪れます。農園の会員の様子についてたずねると、農的な暮らしに「憧れを持っている人」が多く、ログハウスや薪ストーブなどの延長に有機野菜を位置づけているように感じていると言います。家庭菜園や畑を借りることへ不安も垣間見えることから、農地や水、道具の使い方などを丁寧にレクチャーしているそうです。高橋さんご自身も県外から長谷へ越してきた一人です。森林組合で働いた経験も活かし、移住・定住の心得や里山のルールにも折に触れて紹介をします（図Ⅳ－４）。そこには移住者と定住者の線引きがあることも意識されています（注10）。長谷への移住や定住を希望する会員にとっては、長谷地域内の仕事や家、畑など情報収集の場としても機能している

図Ⅳ-4　山を案内する高橋光治さん

（筆者撮影）

（注10）高橋さんによれば「借家に入っている人は定住者ではない」という認識の地元住民がいることや、市営住宅の居住者が支払う区費には山林整備費が含まれておらず、山での山菜採りには所有者の了解が必要となることなどを考慮したうえで、必要なことは伝えているとのこと。

ようです。羽場さんは「仕事紹介できますよ、と断言はできないですが」と前置きしながらも、農園を通じて毎年一、二人が近隣の仕事を見つけているといいます。地域にとっては働き手の確保につながっているのです。

その一方で、長谷出身者の会員がいないことは課題と言えます。２０２３年度に、市内出身の農地を所有する男性が「勉強したい」と会員に加わりました。管理人の羽場さんは今後に期待を寄せつつも、地域の人も来てくれるような仕組みや仕掛けについて模索しています。

（３）移住・定住後の継続的な農と地域への関わり

さんさん農園の会員のなかには、長谷へ移住・定住して間もない人たちもいます。

例えば、Ｔさんの場合、妻と未満児のお子さんとともに長谷へ越す以前からさんさん農園に通うことを決めていました。移住後すぐに農業生産法人で週３日勤務を開始しました。農閑期には直売所の運営を行うファーム長谷にも勤務するようになり、その後は市の集落支援員となり、複数の仕事を掛け持ちするようになりました。さらに、同じく移住してきたＩさん世帯とともに、一枚の畑を借りるようになりました。Ｔさんは溝口未来プロジェクトの広報の役割まで任せられるようになっています。

移住してきたＮさん夫妻もさんさん農園に関わり、その後、夫は営農組合のオペレーターを任されるようになりました。Ｎさんが有機農法に関心を持ったことがきっかけとなり営農組合においても有機農法を導入する専用の機械の購入を検討するようになりました。このように、農業を通じて地域社会との関わりをさらに深めている「関係住民」の様子がみられます。彼らは農ある暮らしを実践するとともに地域の農業の担い手となり、さらには移住・定住を推進する役割を担う貴重な地域住民となっているのです。

4　地域住民による関わり

（1）農的関係人口づくりの障壁とその解決策

長谷さんさん協議会の取り組みはコロナ禍という不可抗力も加わり、都市部から人を呼ぶことができなくなりながらも、主にさんさん農園を接点として、長谷地域に継続的に通う農的関係人口が定着しつつあります。しかし、それと並行するかたちで、長谷地域に関心を持ち、定期的に関わる人や企業の意向に対し、十分に応えられない状況も生じてきているのです。

一つ目に、地域外の人を受け入れるための田畑における管理作業が不足する事態となっています。長谷みらい米づくりプロジェクトでは、田んぼのオーナーとして手を挙げてくれる企業が現れていますが、日々の田んぼの水見をする人が少ないことなどを理由に水田の枚数を増やすことが難しい状況になり、契約企業数の制限を設けました。また、長谷さんさん農園では、草刈り作業が十分に追いつかないという問題もあります。草刈り講習会は実施しているものの、初心者は即戦力になりませんし、定期的な草刈りの実施が求められます。こうした中、継続している会員がサポートに加わる姿も見られます。

二つ目に、移住・定住の関心や意向をもつ農的関係人口の人々への対応が限られている点です。農的関係人口の中には、移住を希望する人や定住するために家を探している人もおり、さんさん農園の会員にもそうした傾向が見られます。彼らの場合、より多くの地域住民との交流を期待している様子がうかがえますが、現状の農園の会員の多くが地域外の住民もしくは移住・定住したばかりの人たちです。地元出身者でもある管理人の羽場さんが唯一いることは喜ばれている反面、本来はより多くの住民と話をする機会を望んでいるに違いありません。現状では羽場さんが対応し、必要に応じて新規定住者を紹介するというかたちをとっています。

三つ目に、農的関係人口づくりの活動自体に対して、住民たちの不安がぬぐいきれていないという点です。地元の人たちの中にはさんさん協議会を通じて、さんさん農園や米プロジェクト用に農地を貸与している高齢の地主さんもいます。そのことに期待しつつも、それらの活動がいつまで続くかと不安を抱いている人もいます。

これらの問題は、農の営みや農的関係人口づくりにかかわることができる住民の数が限られてしまっていることに起因した「受け皿づくり」の課題と捉えられます。こうした状況が続いてしまえば、協議会自ら農的関係人口づくりの取り組みにブレーキを掛けてしまう可能性や、活動の継続について断念を余儀なくされることが懸念されます。

(2) さんさん協議会の活動を取り巻く住民の様子

ここで長谷の住民が各活動にどのようにかかわっているかを示しますと、協議会の構成員としてかかわる人に限定され、まだまだ一部の住民にとどまっている状況です。長谷さんさん農学校や米づくりプロジェクトにスタッフとして参加する住民も見られましたが、利用者として長谷の住民は参加に至っておらず、このことは当初の目標に合致している反面、今後の課題として捉えることができます。さんさん農園や長谷みらい米づくりに関わるほとんどは「他の地域からの移住者」で構成されています。

しかし、さんさん農園の圃場では会員の作業日ではない平日にも、一日に5名くらいの住民が声を掛けてくれると羽場さんは言います。犬の散歩の途中でいつも声を掛ける男性もいれば、公民館から出てきてたまたま声を掛けてくれる子どもと母親など、気にかけてくれている様子があります。また、イベントなどは会員以外の参加も可能にしており、声を掛ければ住民の参加が見られます。

現状として関わりが少ない若い世代に目を向けると、恵まれた環境ゆえの課題も浮かび上がってきます。溝口区に住む高橋さんによれば、長谷周辺では「畑に出てるのはベテラン母さんか高齢者」が主で、子育て世代に関して言えば「じいちゃん、ばあちゃんがおいしい野菜作ってくれる」ため、ほとんど畑に触っていないのではないかと指摘します。地域の農業として継承していくには、ベテランの高齢者が動き回っている間に、家庭菜園をやっていこうという若い世代に体験してもらう必要があると感じています。これからの地域の将来を担っていく若手住民へ畑しごとを継承していくことが求められます。

（3）住民の関心と関与との対峙

長谷地域の住民の地元出身者のうち、比較的若い世代の人たちが農業と関わらない・関われない背景には、住民の世帯の多くが農地や庭を持っていたり、野菜などをつくってくれる人が近くにいたりすることが挙げられます。「お金を払ってまで会員になる必要がない」のです。これに加えて、日々の暮らしの忙しさもあるでしょう。

その一方で、長谷に住む子育て世代の中には、地域社会に関心を持っていても思うように関われていないという住民もいます。協議会の事務局を務める羽場さんは、こうしたジレンマを抱いている住民の存在を知り、きっかけを掴みにくいという課題を感じています。さんさん協議会の総会の際には、6次化WTの地域おこし協力隊員の女性から「自分と同じように保育園に子を通わせているお父さん、お母さんたちにも聞く場を設けてみたい」という意見が挙がりました。長谷の小学校、中学校がなくなってしまっては困る、という危機感を抱く一方で、長谷地域の今後について話をする機会はないようです。このように、現時点では、活動を牽引する比較的若い世代の人たちが、住民へのもどかしさを感じている様子があります。地域の住民がどう考えているのか（関心）やどう関わってもらえるのか（関与）を意識しながら、協議会における活動を模索しています。

5　農的関係人口づくりと住民の関係化

（1）必要とされる関係住民

長谷地域では、溝口区が先行して移住・定住に取り組みを進め、さらに長谷一帯を包括する長谷さんさん協議会が、農的関係人口づくりにつながる取り組みを進めていました。開始当初は大手新聞社を通じて、多くの人に周知することから始まり、その後は定期的な関わりをもつ農的関係人口を近隣町村の居住者を含みながら、関係を深化させていきました。長谷さんさん農園には、移住・定住して間もない人たちや、市内や近郊の住民が足を運び、定住のきっかけや、情報収集の拠点として機能するようになっていました。

着実に、地域外の人々との関係を深めていくなかで、住民には農的関係人口をサポートする側としてかかわってもらうことが期待されますが、現状では関わる住民が一部に限られています。とはいえ、このように農的関係人口づくりにおいても、また、地域の居住環境を維持していくためにも、長谷地域の農業を多様なかたちで支える人たちを増やす場として機能しうる長谷さんさん農園や米づくりプロジェクトは大事な場といえます。

ここまで見てきた長谷地域における取り組みの経過をもとに、農的関

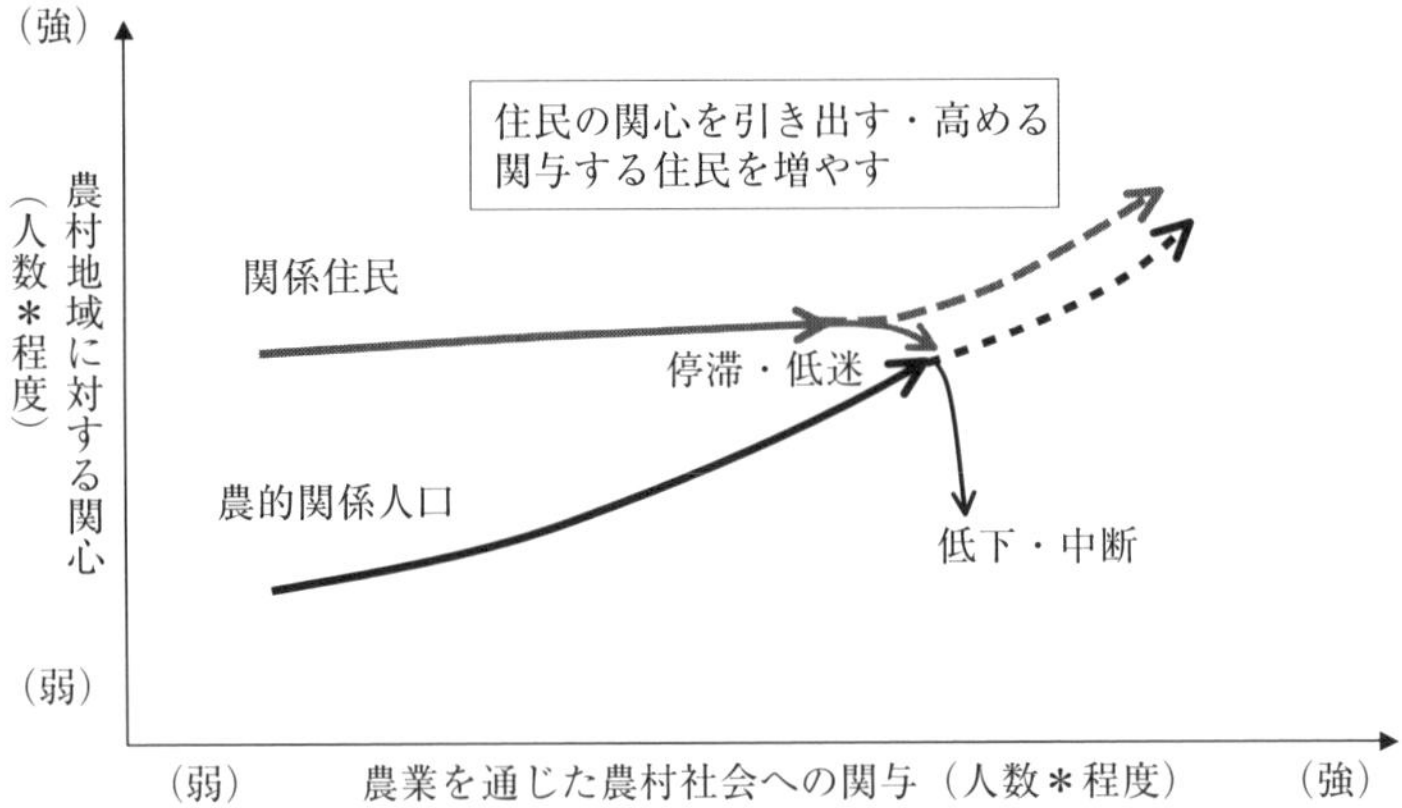

図Ⅳ-5　農的関係人口と関係住民の関心と関与（模式図）

資料：「地方への人の流れを加速させ持続的低密度社会を実現するための新しい農村政策の構築」p.18 図7 農村への関与・関心の深化のイメージ図をもとに作成。

係人口づくりにおける、「農的関係人口」と「関係住民」について、農業を通じた農村社会への関与と、農村地域に対する関心を模式化すると、図Ⅳ－5のようになります。地域外の農的関係人口の多くは、関与するのと並行してより関心を高めていくのに対して、住民の関心は高めにくいものです。だからこそ地域内に居住するより多くの住民に地域へ関わってもらう必要性が高まります。農業や地域社会との関わりが少ない農的無関係住民を「関係住民」化していくことの重要性を認識しなければ、地域の一部の関係者が疲弊してしまったり、地域外から関係を築きたいという意向を持った人々の思いに答えられなかったりという事態になりかねないでしょう。住民の関与を後押しする機会を増やすのに加え、地域への関心を高めていく必要があるのです。

（2）打開策としての「農活」

この課題に対応すべく、関係住民を増やすための打開策として、住民たちが生活のなかで農を営むための技術や知識を習得しようとする「農活」を提唱します。有機農法を用いた長谷さんさん農園や米づくりプロジェクトは、農業にかかわる農的関係人口づくりにおいては有効でありながらも、長谷の住民には活用されていない状況であり、住民が農業を営めるようになることを目的として設定していくには難しさを抱えていました。事務局として関わる羽場さんもゼロから学び始めて、数年がかりでその技術を身につけており、誰もがすぐに習得できるものではありません。こうした現実を踏まえても簡単に推進できる取り組みではないことは明らかです。

他方で、既存の農家の方々も非農家の会員とともに有機農法を学ぶ姿がありました。住民が生活において農を営むための技術や知識を習得しようとする「農活」を通して、地域における農業のかかわりしろを広げていくことは、非農家の住民にだけでなく、既存の農家にとっても必要とされているといえます。農活を広めていくことにより、一部の住民が抱いている地域社会と関われていないもどかしさを、農業を介して関わっていく方向に誘導していくこともできるはずです。

本来かかわりしろを有しているはずの農業に対して多くの人が関わりにくくなっている背景には、産業としての農業、職業人としての農業者という形態に関わり方の間口を狭めてきたことが関係しています。幅広いかたちで農業に関わってきたはずの農家を減少させてしまったことが、結果的に農山村の維持を困難にしている側面があるのです。しかし、他方で、農村地域外から移住・定住を希望したり、農村と関わりたいと意向をもっていたりする人たちにとって、さんさん農園のように生活において農を営めることが農村地域の魅力となりうるのです。これらを踏まえると、農村の活力づくりに向けた農活には、従来の「農業者の育成」や「農家の支援」とは異なる手法と発想が必要とされます。農村に暮らす人々の生活に即し、なおかつ環境への負荷を減らしたかたちの農の営みを広めていくことこそ、農村の社会的基盤を強化することにつながっていくのではないでしょうか。

長谷地域をはじめ多くの農村においてこれからも農地や山林の維持・活用が不可欠であること、そして農村の活力づくりに向けて農的関係人口づくりが必要とされることからも、特に農村の次世代を担っていく住民における農活は、今後さらに重要性を増していくでしょう。農村住民の農活の難しさを乗り越えることは当事者の方々の課題ではありますが、その方法を検討することは社会全体の重要課題といえます。

活力づくりに向けた取り組みの対象として既存の住民に目を向けていくことは、農や食に高い関心を持つ地域外の人たちを対象とする受け皿づくりよりも難しいことが想定されます。この際に忘れてはならないのは、農的関係人口づくりの本来の目的が、農村地域の住民が健やかに暮らし続けていけることにあるということです。地域住民の生活に即した手法を模索し、しくみづくりを進めていくことは時間を要しますが、それこそが持続的な地域社会の形成につながると筆者は考えます。

Ⅴ　「新しい農村政策」の課題

小田切　徳美

1　各章のポイント

（1）しごとづくり（Ⅱ章）

Ⅰ章で見たように、２０２０年基本計画では、「しごと」づくりにかかわり、「農山漁村発イノベーション」が提唱されました。そこでは、農村ＲＭＯや地域づくり事業協同組合なども含む主体と意識されていますが、これまでの議論では、個人単位での対応が中心に議論されてきています。そこで、Ⅱ章では、あえて組織によるしごとづくりの実態と課題を追求しました。

対象としたのは、奈良県川上村です。かつての地方消滅論（２０１４年）では、「消滅可能性」が強いと指摘された典型的な過疎地域です。しかし、現在では、移動スーパー事業などで住民の地域課題への対応を丁寧に行っていることで、自治体関係者から注目されています。その中心となるのが、一般社団法人「かわかみらいふ」であり、その活動を分析しています。

このような地域の組織による「農山漁村発イノベーション」を、通常イメージされる個人単位の取り組みと比較すると、後者はそのコツが暗黙知として隠れてしまいがちであり、農山漁村発イノベーションの結果はみえるもののそのプロセスを目にすることは容易ではありません。ところが、かわかみらいふのようなしごとづくりの組織だと地域に開き、共有をしていくことが大前提になりますので、プロセスの見える化がしやすいようです。

そこからは、①地域資源の価値を磨き上げ、②その資源と地域内外の幅広い主体が組み合わさることで新たな活動が生まれ、あわせて③雇用機会が生まれていることがわかりました。このように、地域がつくるコミュニティビジネスの組織では、地域内外の幅広い主体を受け入れて地域資源を磨き上げ、そしてそれが更なる地域内外の主体を受け入れるという循環が、農山漁村発イノベーションのポイントでもあることも指摘されています。

さらに、雇用（就業）の受け皿となる地域主導のコミュニティビジネスの組織づくりにおいては、経営基盤の確保と地域とのかかわり両者を切り離さない、「くらしとしごとは不可分である」という実態も明らかにされています。

（2）くらしづくり（Ⅲ章）

Ⅲ章では、新しい農村政策の焦点のひとつである、「くらし」づくりの基盤となる農村ＲＭＯの形成を取り上げています。その農村ＲＭＯは、期待通りの広がりや成果をつくれるのか、また、実践的な課題とその解決策は何か、これらについて、大分県由布市で検討しています。

農村ＲＭＯの形成にはいくつかのパターンが想定されていますが、主流は既存のＲＭＯの「農村化」だと思われます。総務省のデータでも、農業関係の事務作業や農道・水路管理作業など、既に既存ＲＭＯの農村化が一定程度進んでいることが明らかになりました。ＲＭＯの農村化には課題もありますが、ＲＭＯ自体が正常に運営されていれば、現場の必要に応じて自然に広がるものと理解できます。

そうであれば、より重視されるべきは、ＲＭＯがベースの部分で抱えているヒトや組織についての課題への対応です。そのような問題があれば、農村化などの新しいチャレンジは難しく、また一見順調に農村化しているように見える組織でも、目的と手段が逆転したり、一部のメンバーに過大な負担がかかってしまいます。

このヒトや組織についての課題の原因は複雑で、根本的解決は容易ではありません。その分野に対する直接の支援は行政も苦手ですが、モノやカネなど、得意とする分野の支援を行政が充実させることで、課題が緩和されることもあります。具体的には事務局の人件費、拠点施設の維持管理費の助成、中間支援者の派遣などがそれにあたります。しかし例えば得意なはずの人件費と維持管理費を両方支援しているのは、RMOのある市区町村の2割程度にとどまっています。

改めて位置付ければ、RMOは行政の苦手分野を補完する存在であり、また「農地管理」をはじめRMOの存在を前提にした政策も増えています。RMO本体の運営が安定していれば、無理に政策がドライブをかけなくても、各分野の課題解決の取り組みが内発的に広がっていきます。つまり、「農地管理」や「地域福祉」などの個別のメニューの支援を急ぐよりも、まずは基盤となるRMOのヒトや組織の課題への対応こそ重要だと言えます。

（3）活力づくり（Ⅳ章）

Ⅰ章でも論じたように2020年の基本計画では、農村における「活力づくり」に向けて「農的関係人口の創出・増大」が提唱されています。農村に多様なかたちで関わる人々を増やそうという取り組みは、人口減少が進む多くの地域にとって打開策の一つとして位置づけられるでしょう。

特に、農業にかかわる担い手の不足は深刻であり、将来的に就農を希望する人や、既存の農業者をサポートしてくれる人を地域外に期待する自治体は少なくありません。その際、農業には販売農家以外にも自給的な畑や家庭菜園の営みや、水路等の清掃など、多様な関わり方があり、その「かかわりしろ」というメリットを活かして、段階的に農的関係人口づくりを進めていくことは理想的です。

ただし、移住・定住の推進において地域に受け皿が必要なように、地域外の人と持続的な関係を構築していくためには、地域の農業者を含む住民のサポートや関わりが欠かせません。Ⅳ章では、「農ある暮らし」をテーマに農的関係人口づくりを進める伊那市長谷地域の動向を素材として、そこでの課題を明らかにしながら対応策を検討しました。

長谷地域の振興に向けて設立された「長谷さんさん協議会」では、有機農法や自然農法を学ぶ講座、会員制の共同管理型農園、田んぼのオーナー制を展開してきました。その結果、まさに段階的な農業就農が一部では実現されています。それを実現する組織としては、会員として移住や定住を見据えた人をはじめ、長谷地域外の居住者や企業が会員、つまり地域内外の関係者が加わることが想定されていました。しかし、実は会員となる地域内部の住民はごく一部にとどまっており、つまり、むしろ地域内部の住民のかかわりが少なく、それによる問題も生じはじめています。

このような長谷地域の実態から、農村の活力づくりにおいて、地域内の住民を「関係住民」へ変えていく重要性を学ぶことができます。これを克服していくためには、むしろ住民が農業を学ぶ「農活」こそが必要となります。農村住民の農活の必要性と難しさに理解を深めるとともに、乗り越えていく方法を社会全体で検討していくことが求められます。

2　共通する視点—プロセス重視と取り組みの一体化—

（1）プロセス重視

このような3つの章で共通するのは、それぞれの「〇〇づくり」のためには、プロセスをデザインすることが決定的に重要であることを論じている点です。

しごとづくり（Ⅱ章）は、特にそのこと意識したレポートとなっており、①視野を広げる、②地域を客観的に把握する、③事業化を進める、④活動と主体を広げる、という農山漁村発イノベーションの過程が明確に描かれています。「イノベーション」ということになると、この中の③のみが注目されやすいのですが、そうではなく、①、②の準備過程の重要性が強調されています。また、④の事業多角化の動きもあり、かわかみらいふは従業員数28名の事業所として、地域の雇用と所得を作り出しています。振り返ってみれば、『新しい農村政策のとりまとめ』（２０２２年）では、農山漁村発イノベーションを「多様な資源×分野×主体で新事業を創出」としていましたが（図Ⅴ－１）、かわかみらいふの場合には、まずは多様な主体が①や②のプロセスに集まっていたことが丁寧に説明されています。

「くらしづくり」（Ⅲ章）で対象とした農村ＲＭＯでは、その形成のためには、①農用地の保全、②地域資源を活用した経済活動、③生活支援活動の３つの事業を併せ持つこと必須とされ、むしろ事業的な組み合わせが注目されています。しかし、ここで言われているのは、その事業形成以前にＲＭＯとしての「ヒトや組織」の確立のプロセスの重要性です。具体的には、「最も深刻なのはリーダーや事務局、活動の参加者の確保、住民の当事者意識などの　ヒトや組織についての課題です」と言われています。

この点にかかわり、次のような図Ⅴ－２を作成しました。この図では、横軸を「事業」として、縦軸を「ヒトや組織の整備」（以下では「体制整備」と表現）を表しています。ＲＭＯづくりは、Ａ点からはじまりますが、Ａ

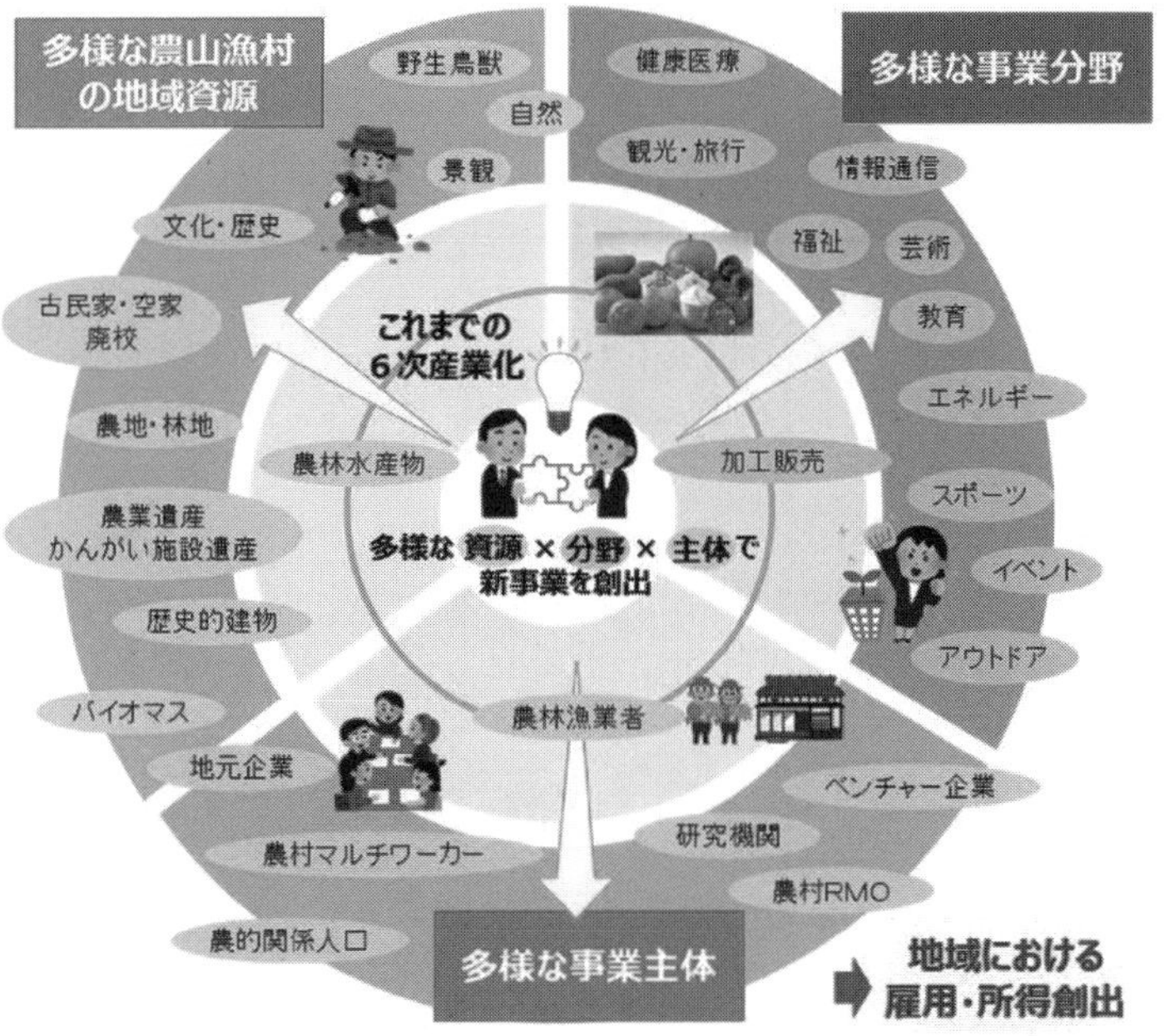

図Ⅴ-1　農山漁村発イノベーションの概念図

資料：『新しい農村政策のとりまとめ』（2022 年）より引用

→B→Cという直線的なプロセスが、暗黙に想定されています。現実には、事業の導入が先行して、体制整備が遅れてしまうA→Dという動きがあります。というよりも、新設された多くの農村ＲＭＯはこのパターンが多く、Ｄ周辺に停滞しているケースも少なくありません。

Ⅲ章で、あるべき動向として明らかにされた方向性は、Ｄ点から垂直に上がり、その後、右横に動くという点線の動向です。この図ではやや極端に示していますが、農村ＲＭＯの形成に必要なのは、事業面でのサポートというよりは、体制整備のための財政的支援や集落支援員や元生活改良普及員（鹿児島県のケース）による人的支援であるというのはリアルな提起だと思います。ここでも、プロセスを重視することにより見えてくる政策の方向性が語られています。

また、「活力づくり」（Ⅳ章）では、農的関係人口の形成のプロセスが分析されています。このレポートによれば、長野県伊那市では、都市部等からの「農的関係関係人口」は、コロナ禍の中でも、着実に前進していることが確認できます。「長谷さんさん協議会」によるさんさん農園がその受け皿となっており、中には、「営農組合の一員となったり、農地を借りるようになった家族も見られるようになっている」という状況です。つまり、農的関係人口を入り口として、段階的に農業の担い手への展開が見られており、重要な実態の析出と言えます。

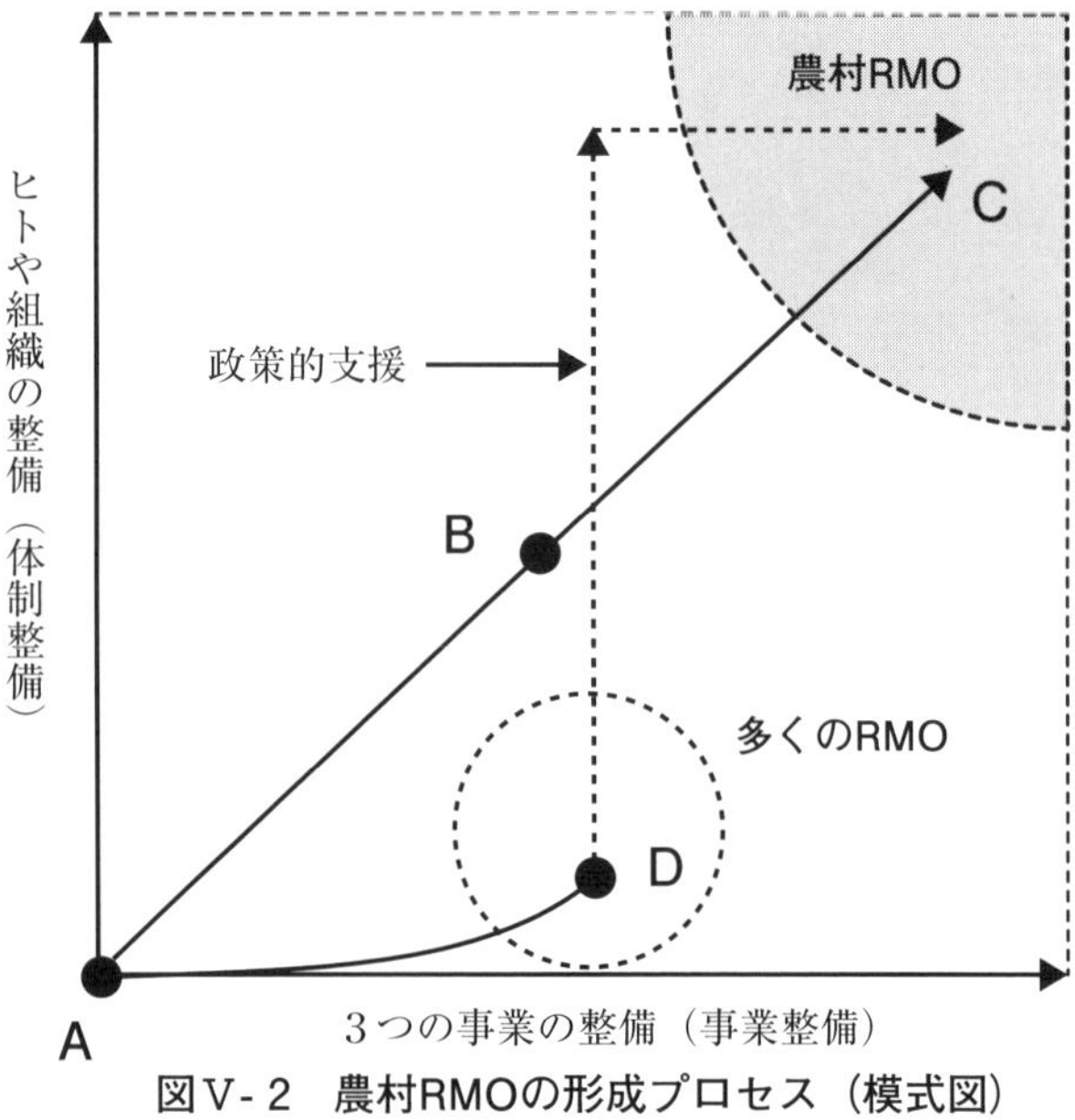

図Ⅴ-2　農村RMOの形成プロセス（模式図）

そこで問題となっているのが、この試みに、地域内の人々が、むしろ、「無関係住民」化していることでした。関係人口を対象としたと取り組みが、地域農業の担い手づくりまで至っているにもかかわらず、地域住民が、そこにあまり関わっていないという傾向が明らかにされています。その際、特に注目すべきは、そのような問題認識が関係人口のサイドから強く生まれており、若い世代から、「自分と同じように保育園に子を通わせている（地元の）お父さん、お母さんたちにも参加して発言してほしい」という意見として出ていたという実態です。

外部からの関係人口の「関わり」の深化を考える時に、内部の体制こそが重要であることは筆者も経験していることでした。関係人口と住民との交流が重要になっていますが、その時に必要なのは、むしろ地域内部の交流、特に断絶しがちな地域内の世代的な交流だという実態です。少し乱暴に言えば、「関係人口に関わり、理想とされる内外のごちゃまぜのためには、その前段階として、内々の世代間のごちゃまぜこそが必要だ」と言えます。関係人口の形成過程をめぐる同じような議論だと言えます。

とはいうものの、Ⅳ章の長谷地区では、地域内住民の関与のために、例えば協議会と学校との連携のような小さいながら重要な取り組みが始まったことも紹介されており、今後の動向が注目されます。関係人口形成のためには、地域住民の「関係人口化」が必要だという指摘は、意外なことかもしれませんが、地域の展開プロセスからの確かな方向性の提起だと言えます。

以上のように、異なるテーマと地域での分析ではありますが、いずれも農村政策における「プロセス重視」を共通する主張として見ることができます。なお、この点は、本書の姉妹編とも言える、図司直也『農村発イノベーション」を現場から読み解く』（ＪＣＡ研究ブックレット№34、２０２３年）でも、丁寧な実態把握と分析により強調されている論点でもあり、その重要性が一層明らかにされています。

（2）取り組みの一体化

もうひとつの共通する特徴は、各章毎で分けたしごとづくり－くらしづくり－活力づくり（特に人材）の要素が、3つのレポートの中でも確認できることです。

例えば、Ⅱ章の重要な主張は、かわかみらいふの活動は「くらしとしごとは不可分」であるというものでした。確かに、かわかみらいふの主要事業は、地域課題である暮らしの維持のためのビジネスの継続であり、移動販売もガソリンスタンドはその典型です。

また、Ⅲ章の対象とする農村ＲＭＯである大津留まちづくり協議会は、「カフェ・売店・無人販売所運営、毎月1回の『おおつるマーケット』、竹細工職人への部屋の貸し出しと竹細工教室、英会話・書道等の各種教室、神楽講演、夏祭り、サロン、スポーツサークルへの体育館の貸し出し、グラウンドゴルフ大会、防災訓練など」と多岐にわたっています。ここでも「くらしとしごと」が一体的な活動を行っていいます。さらにⅣ章の長谷さんさん協議会の取り組みは、農業を中心としつつも、学校給食や6次産業化を含み、そのうえで、分析のメインとなった関係人口の受け入れを意識しています。

地域では、課題は「単品」ではなく、関連しあいながら多角的に発生しています。そのため、そもそも地域づくりの取り組みが、完全な単品主義で起こることはほとんどなく、この点はむしろ当然だと言えましょう。Ⅰ章で見た農村政策における「地域政策の総合化」の提起は、現場では当たり前のことだと言えます。ただし、縦割り的に制度や事業を考えざるを得ない、省庁や省庁内の各部局から提案、供給される政策を利用する時には、現場でさえも縦割り的な発想と行動になりかねない状況があります。そうでない環境を地域の中で意識的に作り出していく必要性を各レポートとも訴えています。

3 「新しい農村政策」の課題

ふたたび、国レベルの農村政策に戻りましょう。

I章でも触れましたように、2020年基本計画で新たな農村政策の体系として、まとめられた方向性は、その後、2022年4月に『新しい農村政策のとりまとめ』が公表され、さらに具体策が提案されました。

この「とりまとめ」で注目されるのは、そのタイトルに「持続的低密度社会」という言葉が入っていることです。また、本文中にも、「いまだ予断を許さない状況にある新型コロナウイルス感染症の影響は、農村にとってマイナスに働く可能性もあるものの、大都市への過度な集中を是正し、それによって我が国全体の人口減少を和らげるとともに、持続的な低密度社会を実現するための大きな転換点ともなり得る」と書き込まれています。

実は同じ時期に議論された、2021年に制定された新過疎法（過疎地域の持続的発展の支援に関する特別措置法）でも同様のことが言われています。新法の提案に関わった総務省・過疎問題懇談会の報告書は、「高密度な大都市の経済成長がわが国全体の生活を底上げしてきたことを改めて認識しつつも、その一方で都市への過度の集中は大規模な災害や感染症発生の際のリスクを伴う。都市とは別の価値を持つ低密度な居住空間がしっかりと存在することが国の底力ではないかと、改めて考えざるを得ない」（同「新たな過疎対策に向けて」、2020年）と論じています。

これらの政策文書は、いずれも、東京圏の人口集中の是正を論じると同時に、今後の過疎地域や農村地域では、人口減少を前提とする「低密度社会（空間）」の構築をするべきという点で共通しています。また、ともにコロナ禍がそれを促進したと捉えています。このように、人口減少による低密度社会を価値あるものと捉え、その持続化を図るという構想が、政策の一部には生まれているのです（持続的低密度社会構想）。

つまり、ここで検討した「しごと」「くらし」「活力」は、このようなより大きな構想の中に位置付けられていることが確認できます。そして、本書のⅡ章からⅣ章までの実態分析は、その構想を実現するための、地域における勘所（ポイント）として、先のように「プロセス重視」と「取り組みの一体化」を抽出していると言えそうです。

そのうえで、今後の課題も論じてみましょう。

第1に、「プロセス重視」という考え方についてです。実は、この点については、本書と同じ「ＪＣＡ研究ブックレット」の『プロセス重視の地方創生』（小田切徳美、平井太郎、図司直也、筒井一伸著、２０１９年）において、そのポイントを語っています。そこで、特に重要なのは、プロセスを重視することとは、「何を（Ｗｈａｔ）」ではなく「どう（Ｈｏｗ）」へ視点を移すことにつながるという指摘です（同書の平井論文）。そうすることにより、地域の取り組みでやるべきことを決めつけるのでなく。試行錯誤を含めて、時間をかけつつも柔軟な取り組みが見えています。そのため、「時間はコストではなく未来への投資」（同書の小田切論文）であることも指摘しています。

その観点から、農村政策に求められるにもかかわらず、決定的に欠けているのが、「Ｈｏｗ」のための情報提供の機会です。今までも多くの事例集が省庁や地方自治体をはじめ、様々な主体により作られてきました。それらは、取り組みの内容や成果を紹介するものがほとんどで、示されているのは、「ノウハウ（Ｈｏｗ）」ではなく、「ノウワット（Ｗｈａｔ）」でした。ところが、今、地域で必要なことは、文字通り「ノウハウ」であり、それを探そうとしても、意外なほど情報は少ないと言われています。多くの事例集が存在しながら、必ずしも十分活用されず、しばしば「事例集は作って終わり」などと言われるには、このような背景があります。

この点は、今後の取り組みの横展開を考える際にも、特に重要な事実ではないでしょうか。素晴らし事例がありながら、その横展開が進まないのは、実はそのためのツールが決して多くはないのです。そこで、提言したいのが、それぞれの政策分野にかかわる「プロセス場面集」の作成とそのコンテンツの蓄積です。ここで「プロセス場面集」としたのは、その「場面」（シーン）を切り取るだけでなく、その前後のプロセスを十分に論じる必要性を表現しています。

その点で、振り返ってみれば、本書を含めたＪＣＡ（その前身のＪＣ総研）による、農村にかかわる３つの研究会（「農山村の新しい形研究会」２０１３年度～２０１５年度、「都市・農村共生社会創造研究会」２０１６年度～２０１９年度、「農山村の持続的発展研究会」２０２０年度～２０２２年度）の議論を経て公表された19冊のブックレット（**表Ｖ－１**で一覧、本書を含む）は、取り組みの「Ｗｈａｔ」だけではなく「Ｈｏｗ」にも光を当てている点で共通しています。こうした、良質の事例分析を、「プロセス場面集」として、しっかりと位置付け、必要に応じて、「場面」別のインデックスを付けて、現場や政策担当者に情報提供することなどが求められています。２０１３年度からの10年間にわたるこのシリーズをそのように活用していただくことを期待したいと思います。

表Ｖ-１　研究会による出版物（JCA ブックレット）

	タイトル（副題は省略）	著者
①	地域サポート人材による農山村再生	図司直也
②	大学・大学生と農山村再生	中塚雅也・内平隆之
③	移住者の地域起業による農山村再生	筒井一伸・嵩和雄・佐久間康富
④	廃校利活用による農山村再生	岸上光克
⑤	農村と都市を結ぶソーシャルビジネスによる農山村再生	西山未真
⑥	中山間直接支払制度と農山村再生	橋口卓也
⑦	よそ者と創る新しい農山村	田中輝美
⑧	地域運営組織の課題と模索	山浦陽一
⑨	ふだん着の地域づくりワークショップ	平井太郎
⑩	移住者による継業	筒井一伸・尾原浩子
⑪	拠点づくりからの農山村再生	中塚雅也
⑫	就村からなりわい就農へ	図司直也
⑬	プロセス重視の地方創生	小田切徳美・平井太郎・図司直也・筒井一伸
⑭	地域福祉における地域運営組織との連携	山浦陽一
⑮	農村における農的な暮らし再出発	小林みずき
⑯	井戸端からはじまる地域再生	野田岳仁
⑰	地域運営組織による子どもの地域福祉	東根ちよ・筒井一伸
⑱	「農村発イノベーション」を現場から読み解く	図司直也
⑲	新しい農村政策	小田切徳美・筒井一伸・山浦陽一・小林みずき

第2に、しごと－くらし－活力などの取り組みの一体化に関しては、いままで本書でも随所で登場する地方自治体は無関係ではありません。むしろ、「中央分権・地方集権」（今村奈良臣氏）と言われたように、各省・各局・各課・各班に政策が細分化されている中央省庁と異なり（中央分権）、自治体農政の現場では、まさに省庁さえ超えた政策の「総合化」が必要です（地方集権）。その点では、「地域政策の総合化」は地方自治体を主役にしたものであるべきでしょう。

しかし、その自治体の政策形成と運用、特に市町村農政は、大きな困難にあることも事実です。ひとつは「内なる問題」としての行政改革です。この間の地方自治体における人員削減は、特に農政担当で進んでいます（表Ⅴ－２）。２０００年から20年間で市町村の農林水産部門職員は三分の一が削減され、最近でも歯止めがかかっていません。農林水産部門以外でも減少は見られますが、それほどは激しくなく、近年では、対照的に、職員数の増加も見られます。

もうひとつは、より大きな問題と言えます。Ⅰ章でも触れた、２０２０年までの農政の産業政策への傾斜とも関連して、国の農政改革、例えば経営安定対策や農地中間管理機構の導入等、数次にわたる改革により、いつのまにか農政の中央集権的な体質が強まっている点です。自治体職員の中には、「次々に出てくる新しい仕組みに対応するので精一杯だ」、「農政課の仕事は、調査モノなど国の下請けばかりで、役場内では人気がない」という意識が拡がっています。

つまり、先の職員数の減少という事実とあわせれば、「少ない人員で、国の農政ばかりを気にしている傾向」が生まれています。しかし、気候や自然条件などに規定され、多様性が大きな農業や農村を対象とする農政にとっては、地域課題を現場レベルで把握し、関係者との対話を積み重ね、地域独自の政策を企画、運営することこそが重要です。それに加えて、農村政策では、こ

表Ⅴ-２　市町村（政令指定都市を除く）における農林水産部門職員数の推移（2000年＝100）

	2000年	2005年	2010年	2015年	2020年
農林水産部門	100	84.1	69.8	65.8	64.8
上記を除く一般管理部門	100	95.7	87.1	85.9	88.2
一般管理部門合計	100	94.5	85.3	83.8	85.8

資料：総務省「地方公共団体定員管理調査結果」（各年版）より作成

こで見たように、しごと－くらし－活力の取り組みについて、地域独自の一体化も必要です。

そうであれば、農村政策に取り組む自治体職員は、まずは、現場に飛び出すことが必要ですが、まさにそれがしづらい状況が生まれています。そのため、「地域政策の総合化」を言うからには、国と自治体の関係を含めた、農政システム全般の調整が必要になります。自治体の農村政策の自由度を高めながらも、その自治体にかかわる負担を減らすことが求められています。

以上のように、新しい農村政策をさらに深めるためには、「プロセス重視」と「取り組みの一体化」がポイントになります。しかし、そのためには、大きくは国と地方自治体の関係のあり方や、小さくは他の地域の取り組みの学び方の仕組みや意識の転換が求められていると言えそうです。それは、本書や本ブックレット・シリーズに残された課題でもあります。

■「農山村の持続的発展研究会」について

（一社）日本協同組合連携機構（JCA）では、「農山村の新しい形研究会」（2013～2015年度）および「都市・農村共生社会創造研究会」（2016～2019年度）（いずれも・座長・小田切徳美（明治大学教授））を引き継ぐ形で、「農山村の持続的発展」をテーマに、そのために欠かせない経済（6次産業、交流産業）、社会（地域コミュニティ、福祉等）、環境（循環型社会、景観等）など、多方面からのアプローチによる調査研究を行う「農山村の持続的発展研究会」（2020～2022年度）を立ち上げ、研究を進めてきた。メンバーは小田切徳美（座長〈代表〉／明治大学教授）、図司直也（副代表／法政大学教授）、筒井一伸（副代表／鳥取大学教授）、山浦陽一（大分大学准教授）、野田岳仁（法政大学准教授）、東根ちよ（大阪公立大学准教授）、小林みずき（信州大学助教）。研究成果は、『JCA研究ブックレット』シリーズの出版、WEB版『JCA研究REPORT』の発行、シンポジウムの開催等により幅広い層に情報発信を行っている。

【著者略歴】

小田切 徳美 ［おだぎり とくみ］

〔略歴〕 明治大学農学部教授。1959年、神奈川県生まれ。
東京大学大学院農学生命科学研究科博士課程単位取得退学。博士（農学）。
〔主要著書〕『農村政策の変貌』農山漁村文化協会（2021年）など。

筒井 一伸 ［つつい かずのぶ］

〔略歴〕鳥取大学地域学部地域創造コース教授。1974年、佐賀県生まれ・東京都育ち。専門は農村地理学・地域経済論。大阪市立大学大学院文学研究科地理学専攻博士後期課程修了。博士（文学）。2004年に鳥取大学地域学部に着任。

〔主要著書〕『学びが地域を創る』学事出版（2022年）共編著など。

山浦 陽一 ［やまうら よういち］

〔略歴〕大分大学経済学部准教授。1979年、東京都生まれ。東京大学大学院農学生命科学研究科博士課程修了。博士（農学）。公益財団法人日本農業研究所研究員を経て2009年より現職。
〔主要著書〕『地域福祉における地域運営組織との連携』筑波書房（2022年）など。

小林 みずき ［こばやし みずき］

〔略歴〕信州大学学術研究院農学系助教。1984年、東京都生まれ。明治大学大学院農学研究科博士課程修了。博士（農学）。明治大学農学部助教を経て2019年より現職。
〔主要著書〕『6次産業化による農山村の地域振興―長野県トの事例にみる地域内ネットワークの展開―』農林統計出版（2019年）など。

JCA研究ブックレット No.35

新しい農村政策

その可能性と課題

2023年10月30日　第1版第1刷発行

著　者 ◆ 小田切 徳美・筒井 一伸・山浦 陽一・小林 みずき
発行人 ◆ 鶴見 治彦
発行所 ◆ 筑波書房
東京都新宿区神楽坂 2-16-5　〒162-0825
☎03-3267-8599
郵便振替 00150-3-39715
http://www.tsukuba-shobo.co.jp

定価は表紙に表示してあります。
印刷・製本＝平河工業社
ISBN978-4-8119-0658-4 C0061